GEORG QUEDENS

Natur entdecken
an der Nordsee

Am Strand und im Watt

Einführung

Nordseeküste und -inseln sind mit ihren Badeorten das Ziel zahlreicher Touristen, die hier Erholung in frischer Seeluft und im Sommer Badefreuden erleben wollen. Nicht wenige Besucher der deutschen Küsten kommen auch in Erwartung von Naturbeobachtungen und werden selten enttäuscht. In nahezu keiner anderen Landschaft gibt es so viele Begegnungen mit der Natur, wie an den genannten Küsten. Vor allem fallen hier Seevögel auf, die verstreut oder in dichten Kolonien zu Hunderttausenden an der Küste und besonders auf Inseln und Halligen brüten und ihre Jungen führen. Schiffsausflüge führen in die Welt der Seehunde und Kegelrobben und Botaniker erfreuen sich am Studium spezieller Pflanzen, die sich Wind und Salzwasser angepasst haben.
Strandwanderer stöbern interessiert in den Flutsäumen der Strände und staunen über Rätselfunde, Reste von Seetieren, die sich dann erst anhand eines Naturführers identifizieren lassen. Manchmal werden auch kleine oder gar größere Stücke von Bernstein gefunden und reizen dazu, deren Millionen Jahre alte Entstehungsgeschichte nachzulesen. Viele legen sich Sammlungen von Muscheln, Schnecken und sonstigen Seetiergehäusen an.
Während der Fremdenverkehr einerseits Grundlage für die Existenz der Küstenbewohner ist – die früher über Jagd und Fischfang eine intensive Nutzung der Natur betrieben – kann er aber auch die Natur bedrängen oder gar vernichten. Besonders in den letzten Jahrzehnten des 20. Jahrhunderts sind an bisher unbebauten Küsten sowie in den traditionellen Seebädern wahre »Bettenburgen« gebaut worden, die Naturlandschaften beansprucht haben und zu einer Massierung des Fremdenverkehrs beigetragen haben. Glücklicherweise ist die Natur aber auch als Attraktion für den Fremdenverkehr erkannt worden. Deshalb wurden großräumige Küstenregionen zum Nationalpark erklärt und nahezu auf jeder Insel und an den Küsten Naturschutzgebiete ausgewiesen, die nur durch Führungen der Betreuer besucht werden können. Gleichzeitig wurde für fast alle Küstenregionen eine völlige Jagdruhe verordnet. Es ist deshalb kein Wunder, dass es gegenwärtig sehr viel mehr Seevögel, Seehunde und Kegelrobben gibt als vor 50 oder 100 Jahren!
Gefahren für die Natur kommen heute viel eher von außen, z. B. von Schiffen, die immer wieder – trotz Über-

Eine besonders attraktive Küstenlandschaft sind Salzwiesen mit Strandflieder.

Erlebnistipp: Flutsaumfunde

Alle Strände der Welt werden gesäumt von den dunklen Bändern der Flutsäume, natürlich auch jene der gezeitenlose Küste der Ostsee oder jene der Nordsee. Überall wo Wellen und Flut ihren höchsten Punkt erreichen, lagern sich in mehr oder weniger dichten Wällen Meerespflanzen, Seegetier und – leider – auch menschlicher Unrat ab, der von Schiffen über Bord gegeben wurde.

Flutsäume an Nord- und Ostseeküste werden vor allem vom Blasentang und anderen in der Uferzone wachsenden Meeresalgen bestimmt. Nach anhaltenden Sturmfluten treiben auch die derben Blätter des Fingertangs und des Zuckertangs von fernen Felsenküsten, beispielsweise von Helgoland, an. Unangenehm machen sich an Sommertagen an Badestränden die Unmengen des Meersalates bemerkbar, der in Verwesung übergehend, einen unangenehmen Geruch verbreitet und die Kurverwaltungen zum Räumeinsatz nötigt.

Vor allem aber wird der Flutsaum geprägt von Muschelschalen und Schneckengehäusen, den Resten längst abgestorbener Weichtiere aus dem ufernahen Meeresboden. Aber auch Stachelhäuter, Seesterne und Strandigel, sind im Flutsaum zu finden, allerdings bald auch von Möwen entdeckt und gefressen. Zu den regelmäßigen Funden gehören auch Reste von Tieren, etwa die Panzer gehäuteter Krabben, faustgroße Eiballen der Wellhornschnecke, die kalkartigen Rückenschulpe vom Tintenfisch oder die schwarzbraunen Eikapseln des Nagelrochens. Im Hochsommer bestimmen Quallen, darunter auch Nesselquallen, den Flutsaum der Nordseestrände.

Und wer Glück hat, kann dann und wann auch noch Bernsteine finden.

Flutsaum mit Tang und Seegetier.

wachungsflügen – Öl ablassen und den Tod zahlreicher Seevögel verursachen.

Im vorliegenden Buch konnte nicht die ganze Vielfalt von Flora und Fauna an deutschen Küsten dargestellt werden. Doch wird das Wichtigste an Pflanzen und Tieren gezeigt sowie ein Überblick über die Naturlandschaften vermittelt. Hinweise zu Aktivitäten und zum genauen Hinschauen bei interessanten Objekten sollen den Aufenthalt an der Küste zum Erlebnis machen und das Verständnis für die Natur fördern.

Küste im stetigen Wandel

Die Nordseeküste sowie die angrenzenden Küstenländer verdanken ihre Entstehung dem mächtigsten Naturereignis der letzten Jahrmillionen – den Eiszeiten. Insbesondere die Saaleeiszeit hat das Landschaftsbild geprägt. Vor rund 200 000 Jahren rückten von Skandinavien riesige Gletschermassen heran und schoben unvorstellbare Sandmassen vor sich her, die nach dem Abschmelzen der Gletscher in der nachfolgenden Warmzeit zurückblieben.

Ohne die Saaleeiszeit gäbe es kein Dänemark und kein Schleswig-Holstein, wären Nordsee und Ostsee ein zusammenhängendes Meer mit wenigen Inseln, z. B. Helgoland, der Kalksteininsel bei Segeberg und die Kreideklippen von Rügen und der dänischen Insel Mön, die eine eigenständige Erdgeschichte haben. Auch die eiszeitlichen Inselhöhen, die Altmoränen der nordfriesischen Inseln Sylt, Föhr und Amrum, wären nicht vorhanden. Aber auch die letzte Eiszeit, die vor etwa 12 000 Jahren zu Ende ging, hat noch

Grüne Marsch, Deiche und Schafe an der Nordseeküste.

Am Roten Kliff auf Sylt wird deutlich, wie das Meer an den Küsten nagt.

gestaltend in die Küstenlandschaft eingegriffen.

In den Eiszeiten wurde ein großer Teil der irdischen Wassermenge in die Gletschermassen auf Polkappen und Hochgebirgen eingefroren und der Meeresspiegel der Ozeane fiel um über 120–150 m, sodass die küstennahen Meere (Nordsee, Ostsee) weitgehend trocken lagen und sich Landbrücken bildeten, z. B. zwischen Asien und Amerika, über die Urzeitmenschen auf die heutigen Kontinente gelangten.

Als aber in den Warmzeiten die Gletschermassen abschmolzen, stieg das Weltmeer wieder an und brandete gegen die heutigen Küsten. Insbesondere in den letzten Jahrtausenden vor Beginn der Zeitrechnung erfolgte ein rascher Anstieg des Meeresspiegels und zwang an der Nordseeküste die germanischen Bewohner zur Auswanderung. Aus Ablagerungen von Sand und Schlickmassen bildeten sich aber auch umfangreiche, fruchtbare Marschen, die noch heute für die Nordseeküste typisch sind.

Kaum über dem Meeresspiegel aufgewachsen, erfolgte aber schon wieder der Abbau durch das Meer, sodass die Küstenbewohner ihre Wohnplätze zunächst auf Warfthügel verlagerten und um 1100 n. Chr. mit dem Deichbau begannen, um das Land gegen die Flut zu schützen.

Erlebnistipp: Bernsteine

»Wo kann man Bernsteine finden?«, ist eine häufige Frage von Besuchern der Nord- und Ostseeküste. Die Antwort lautet: »Überall und nirgends.« Denn für Bernsteinfunde gibt es keine feste Regel. Losgelöst vom Meeresboden (Ostsee) oder aus dem Wattboden gespült (Nordsee) treiben sie in kleinen, selten auch größeren Stücken – am ehesten noch bei starkem Ostwind – zu allen Jahreszeiten an, liegen manchmal ganz offen im Sande, verbergen sich aber meistens zwischen Steingeröll und Muschelschalen, sodass ihre Suche ein genaues »Abtasten« des Flutsaumes erfordert.

Das Tückische an der Bernsteinsuche: Es gibt auch golden leuchtende Steine aus dem eiszeitlichen Geröll – die aber eben richtige Steine sind. Bernsteine erkennt man an der Leichtigkeit. Sie sind mit einem Gewicht von reichlich einem Gramm pro Kubikzentimeter kaum schwerer als Salzwasser (weshalb sie auch von Strömung und Brandung leicht bewegt werden können). Bernsteine sind im Allgemeinen transparent, lassen also Licht durch – und sie können leicht entzündet werden (niederdeutsch »börnen« = brennen).

Bernsteine sind versteinerte Harzausflüsse von Bernsteinkiefern *(Pinus succinifera)*, die im Erdzeitalter Eozän im Norden des heutigen Europas wuchsen, und zwar über 20 Millionen Jahre lang. Viel später wurde dann das versteinerte Harz mit den Gletschern der Eiszeit in den Bereich der heutigen deutschen Küsten verfrachtet. Der Bernsteinhandel mit Mittelmeerländern leitete dann vor etwa 4000 Jahren die Hochkultur der Bronzezeit bei den Küstengermanen ein.

Funde von honiggelben Bernsteinbrocken im Spülsaum sind selten.

Sturmfluten

»Wer nicht will deichen, muss weichen«, lautet ein Sprichwort an der Nordseeküste. Es bezieht sich auf die »Deichpflicht«, der jedermann entsprechend seines Besitzes an Land und Haus unterworfen war. Wer dieser Deichpflicht nicht nachkam, wurde gnadenlos enteignet und sein Besitz nach genauen Regeln jenen zugesprochen, die bereit waren, die Deichpflicht für das entsprechende Eigentum zu übernehmen.

Trotz dieser Regeln und der unerhörten Anstrengungen der Küstenbewohner brachen immer wieder Orkanfluten in das Land und trugen wesentlich zur Gestaltung der Küstenlandschaft bei. So sind der Dollart und der Jadebusen an der niedersächsischen Nordseeküste Zeugen solcher Meereseinbrüche, die neben den Landverlusten Zigtausende von Toten forderten.

In Nordfriesland trugen sich besonders die »Rungholtflut« (1362) und der Untergang der großen Insel »Alt-Nordstrand« (1634) mit jeweils über 10 000 Toten in die Geschichte ein.

Inselvielfalt

Die deutsche Nordseeküste wird von zahlreichen Inseln und Halligen gesäumt. Die lange Reihe der **Ostfriesischen Inseln** entstand erst nach Christi Geburt. Auf den von der Nordsee aufgeworfenen Sandbänken siedelten sich erste spärliche Pflanzen an, auf deren Seeseite sich kleine Dünen bildeten. Diese wuchsen höher und sammelten weitere, von Wind und Wellen herbeigetragene Sandmassen, bis schließlich hohe Dünenwälle entstanden, in deren Lee durch Schlickablagerungen Salzwiesen (Heller) aufwuchsen und sich somit eine regelrechte Insel gebildet hatte, die dann später zur Besiedlung durch Menschen einlud.

Solche Vorgänge gibt es auch in der Gegenwart. Der Memmert zwischen

»Land unter« auf einer Hallig.

Juist und Borkum oder die Kachelottplate vor Juist sind Beispiele solcher Inselbildungen. Aber solche Sandinseln können – falls nicht durch Uferschutz befestigt – auch wieder vergehen. Ein anderes Beispiel vom Werden und Wandel an der Nordseeküste ist die Insel Trischen vor Dithmarschen, die im Westen abgebaut wird, sich aber mit Salzwiesen nach Osten vergrößert. Eilande ganz eigener Art sind die **Halligen** im nordfriesischen Wattenmeer. Nach vorheriger Zerstörung und Überflutung großer Landflächen wurden sie durch Schlickablagerungen im Mittelalter wieder aufgebaut und schließlich durch die im 8./9. Jahrhundert hier eingewanderten Friesen besiedelt. Aber kaum aus dem Meere geboren, erfolgte wieder der Abbau, sodass die Halligen nur noch ein Drittel bis ein Viertel ihrer einstigen Größe aufweisen. Weil die ebene Halligmarsch nur einen knappen Meter über dem mittleren Hochwasser liegt, müssen alle Häuser auf Warften, auf künstlichen Hügeln liegen. Erst kurz vor 1900 wurden die Halligufer geschützt, sodass keine weiteren Landverluste zu beklagen sind. Niedriges, ebenes Marschland prägt auch die Inseln **Pellworm** und **Nordstrand**. Aber beide sind hoch bedeicht und gelten deshalb nicht als Halligen, sondern als Inseln. **Sylt, Föhr** und **Amrum** hingegen bestehen aus hohen, saaleeiszeitlichen Altmoränen (bis 32 m hoch) und sind teilweise von Dünen bedeckt (die Uwe-Düne bei Kampen auf Sylt ist 52 m hoch) und zeigen an beiden Enden Dünennehrungen, die aus dem Meere angelagert wurden (Listland, Hörnum auf Sylt, Odde und Wittdün auf Amrum). Prinzip des Naturgeschehens an Meeresküsten ist aber nicht nur der Aufbau, sondern auch die Zerstörung des Landes. Sylt muss regelmäßig durch millionenteure Sandvorspülungen geschützt werden, während vor Amrum eine riesige Sandbank, der Kniep, durch die Nordsee aufbgebaut wurde.

Lebensräume der besonderen Art

Die eigenartigste Naturlandschaft ist das **Wattenmeer**, das in wechselnder Breite mit einer Fläche von über 3000 Quadratkilometern zwischen Holland und Dänemark vor den Deichen der deutschen Nordseeküste und rund um Inseln und Halligen liegt. Weithin dehnen sich hier bei Ebbe die Watten mit gelben Sandflächen, in strömungsruhigen Regionen mit graublauen Schlickzonen und den Übergängen des Mischwattbodens – durchzogen von unzähligen Rinnsalen, die sich schließlich zu breiter und tiefer werdenden Prielen vereinigen. Über Kilometer winden sich dann die Priele, bis sie auf einen Wattenstrom treffen, der hinaus in die offene Nordsee führt. Im ersten Überblick erscheint das Ebbewatt eine öde, nur von Seevögeln belebte Landschaft. Aber dem auf-

Erlebnistipp: Wattenwanderung

Bei Ebbe fallen riesige Wattenflächen vor den Deichen der Nordseeküste und um Inseln und Halligen trocken, sodass man – unter Vermeidung weicher, grundloser Schlickflächen – hinauswandern und Entdeckungen machen kann. Dies geschieht – unter sachkundiger Führung – von allen Küsten- und Inselbädern aus, wobei es vor allem darum geht, die Tierwelt auf und im Wattboden zu entdecken.

Neben diesen naturkundlichen Wattenführungen werden aber auch Wattenwanderungen von der Küste zu Inseln oder von Insel zu Insel angeboten. Hier geht es über kilometerlange Wege, über Sandflächen und durch Priele – natürlich ebenfalls mit Wattenführern, die entsprechend ausgebildet sind und über Hilfsmittel verfügen, um Hilfe herbeizurufen, wenn einem der Wattenwanderer schwach auf den Beinen wird, oder plötzlich aufkommender Seenebel die Orientierung behindert.

Weil knietiefe Priele durchwatet werden müssen, können diese Wanderungen nur in den Sommermonaten stattfinden, während die naturkundlichen Wattenführungen – in Gummistiefeln – ganzjährig möglich sind.

Die meisten Nordseeinseln und Halligen sind bei Ebbe über das Watt zu erreichen, manche aber nur von genauen Kennern des Watts. Zur Insel Neuwerk nahe Cuxhaven wird sogar bei Ebbe ein lebhafter Verkehr mittels Pferdefuhrwerken betrieben.

Wattenwanderungen richten sich nach dem Tidenkalender mit Hoch- und Niedrigwasserzeiten. Immer wieder aber laufen leichtsinnige Küstenbesucher hinaus, während die Flut schon steigt, und mancher Unvorsichtige ist schon ums Leben gekommen.

Wattenwanderung von Insel zu Insel.

merksamen Beobachter offenbart sich bald durch zahlreiche Spuren die Fülle des Lebens im Wattboden. Es wimmelt von Würmern, Krebstieren, Muscheln und Schnecken im Wattboden, die sich bei Ebbe zurückgezogen haben. Sie sind die Nahrungsgrundlage zahlreicher See- und Watvögel, die fast ganzjährig zu Millionen das Wattenmeer bevölkern.
Lebensräume eigener Art sind die **Priele**. Hier bleibt auch bei Niedrigwasser immer Wasser zurück und bietet Garnelen und Strandkrabben, Strandigeln und Seesternen, Grundeln, Seeskorpionen und Plattfischen sowie anderem Getier einen dauernden Lebensraum, ebenso diversen Algen, die aber auch auf dem Ebbewatt zu finden sind.
Watt im eigentlichen Sinn ist auch das bei Ebbe rund um Helgoland trocken fallende **Felswatt** mit einer speziellen Tier- und Algenwelt. Und Watten gibt es sogar an der Ostseeküste, so genannte **»Windwatten«**, wenn bei starkem Westwind das Ostseewasser nach Osten geblasen wird und der Wasserstand um bis zu einem halben Meter tiefer fällt.
Das Wattenmeer blättert dem Naturbeobachter bei Ebbe wie ein Buch seine Naturschätze auf. Die Tier- und Pflanzenwelt der tieferen Nordsee und Ostsee offenbart sich jedoch nur im täglichen Flutsaum am Strande – oder in den Netzen der Fischer.
Ein besonderer Lebensraum ist auch

Bei Ebbe entwässern die Priele das Wattenmeer.

das aus dem Wattenmeer aufsteigende Land mit den von spezieller Salzflora geprägten Wiesen, beginnend schon vor dem Ufer mit Queller und Schlickgras bis hin zu den Blütenteppichen des Strandflieders. Die **Salzwiesen** an der Nordseeküste entstanden und entstehen durch Ablagerung von Sedimenten in strömungsruhigen Buchten oder im Windlee von Inseln und Halligen – verdanken ihren derzeitigen Umfang aber vor allem der Tätigkeit des Menschen.

Von Deichen und Inselufern aus sind Buhnen in das Watt gebaut, die Viereck an Viereck die Gezeitenströmung beruhigen und so eine entsprechende Sedimentation bewirken. Millimeter um Millimeter wächst der Wattboden – unterstützt von Grüppelaushebungen – in die Höhe und steigt zuletzt über das Mittlere Hochwasser. Aus Schlickwatten sind Salzwiesen geworden. Das bleiben sie allerdings nur, wenn sie nicht zu Kögen oder Poldern eingedeicht werden, weil sie sich dann in Wiesen mit einer »Süßwasservegetation« verwandeln.

Polder um Polder und Koog um Koog sind so in den letzten 500 Jahren bedeicht worden und haben die Nordseeküste begradigt. Über die »Landgewinnung« gab es früher keine Diskussion. Aber neuerdings regt sich der Naturschutz, der um den Verlust der Salzwiesen fürchtet. Er gerät dabei aber in Konfrontation mit den Küstenbewohnern, für die naturgemäß der Küstenschutz im Vordergrund steht. Naturlandschaften besonderer Art an Nord- und Ostsee sind auch **Dünen**, insbesondere auf den nordfriesischen Inseln Sylt und Amrum, wo es noch kilometerlange Wanderdünen gibt, auf den Ostfriesischen Inseln und an der Westküste von Eiderstedt-Vor-

Stranddünen an der Nordseeküste.

Erlebnistipp: Gezeiten

Das gleiche Bootssteg bei Ebbe und Flut.

Ebbe und Flut, zusammen Gezeiten genannt, bestimmen das Bild der Nordseeküste bzw. des Wattenmeeres. Bewegt von der Anziehungskraft des Mondes und von Fliehkräften auf der mondabgewendeten Seite der Erde flutet das Weltmeer im Laufe von reichlich 6 Stunden gegen die Küsten auf und zieht sich reichlich 6 Stunden wieder zurück, wobei die Zeit der Ebbe in der Regel etwas länger dauert als die der Flut. Entsprechend dem Umlauf des Mondes verspäten sich die Gezeiten täglich um etwa 50 Minuten, d.h. die gleiche Phase tritt am jeweils folgenden Tag 50 Minuten später ein. Der höchste Stand der Flut heißt Hochwasser, der tiefste Punkt der Ebbe Niedrigwasser. Den Höhenunterschied nennt man Tiedenhub. Er beträgt an der deutschen Nordseeküste rund 2,50 m, in Küstenbuchten wie Dollart und Jadebusen aber bis knapp 4 m.

Alle 14 Tage steigt die Flut etwa einen halben Meter höher als normal, aber auch die Ebbe fällt entsprechend tiefer. **Springtide** heißt dieser Vorgang. Sie wird bewirkt, weil Mond und Sonne zur Erde in gerader Linie stehen und zur Anziehungskraft des Mondes noch die der Sonne kommt. Bei **Nipptide** hingegen steht die genannte Konstellation im rechten Winkel zur Erde und das Hochwasser bleibt einen halben Meter unter, das Niedrigwasser einen halben Meter über »Normal«.

Ganz unberechenbar sind dagegen die Wasserstände bei **Sturm- und Orkanfluten**. Sie laufen je nach Windstärke und Dauer bis zu 4 m über »Normal« auf und hinterlassen nicht selten verheerende Zerstörungen, wie zuletzt die Orkanflut des Jahres 1962.

pommern sowie auf der Insel Hiddensee.

Dünen sind aus dem Meere entstanden. Die Sandmassen wurden an die Küste gespült und vom Winde landeinwärts geweht. Dünen zeichnen sich durch eine besondere Pflanzenwelt aus, beginnend mit dem Strandweizen (Binsenquecke) direkt am Meeressaum bis zum Strandhafer, der sich auch noch auf hohen Wanderdünen behauptet.

Allen genannten Küstenlandschaften, Inseln und Halligen ist aber gemeinsam, dass sie in der Brutzeit von oft kopfstarken Seevogelkolonien besiedelt sind, die Luft und Landschaft mit ihren Stimmen füllen. Und in der Zugzeit im Frühjahr und Herbst ziehen Scharen unzählbarer Gänse- und Limikolenmassen über Salzwiesen und Wattenmeer. Aber auch im Winter halten sich zahlreiche Vögel an der Nordseeküste auf.

Von der Naturnutzung zum Naturschutz

Die Nutzung der Natur für Nahrungs- und Erwerbszwecke spielte an deutschen Küsten bis Mitte des 20. Jahrhunderts eine große Rolle. Bis Anfang Juni wurden die Eier der Möwen – früher auch die anderer Seevögel – gesammelt, im Herbst hatte eine intensive Jagd auf Zugvögel, Enten, Gänse und Limikolen Tradition. In etlichen Vogelkojen auf einigen Nordseeinseln wurden Hunderttausende von Wildenten in die Netze gelockt.

Auch die Seehundsjagd hatte große Bedeutung. Der Seehund galt als Fischerei»schädling« und wurde frei und ganzjährig bejagt. Für Kurgäste in den Nordseebädern war es ein Vergnügen, auf die Seehundsjagd zu gehen. Aber auch der Abschuss von Seevögeln auf den Brutplätzen aus bloßer Schießlust war »in Mode«, wobei sich auch die Damen beteiligten. Angesichts dieser Zustände bildeten sich schon kurz nach 1900 erste Initiativen zum Schutze der Seevögel. Otto Leege, Lehrer auf Juist, Heinrich Schütte, Rektor in Oldenburg, und Dr. Franz Dietrich, Studienrat in Hamburg, waren die Männer der ersten Stunde. Ersterer baute durch Busch- und Halmpflanzungen die heutige Seevogelinsel Memmert auf. Heinrich Schütte bemühte sich um die junge, aus Seesand aufwachsende Insel Mellum und gründete 1925 den Schutzverein »Mellumrat«. Und Franz Dietrich war Gründungsvater des »Vereines Jordsand«, der 1907 die Hallig Norderoog im nordfriesischen Wattenmeer erwarb und weitere »Vogelfreistätten« an der Nordseeküste einrichtete.

Hier, auf den abgelegenen Sandinseln und Halligen hausen in der sommerlichen Brutzeit Vogelwärter in Pfahlbauten (zum Schutz bei Sturmfluten) und führen ein einsames, fast robinsonartiges Leben. Ihre Aufgabe ist die Bewachung und Betreuung der großen Seevogel-Kolonien.

Eine wesentliche Voraussetzung für den sich nun verstärkenden Naturschutz waren die Reichsnatur- und Reichsjagdgesetze der Jahre 1934/35. Nun erhielt auch der Seehund an der Nordseeküste erstmalig eine Schonzeit und der Massenfang in den Vogelkojen wurde mit einschränkenden Auflagen versehen.

Hütte des Vogelwartes in einem Seevogelschutzgebiet.

Seit den 1950er- und 1960er-Jahren erfolgte dann eine verstärkte Ausweisung von Naturschutzgebieten, insbesondere weil der wachsende Fremdenverkehr mit immer größer werdenden Baumaßnahmen zur Steigerung der Bettenkapazität Küsten und Inselstrände in Anspruch nahm, gleichzeitig aber auch die Natur sich zu einer Attraktion des Fremdenverkehrs entwickelte und entsprechende Schutzmaßnahmen erforderte. Behörden und Naturschutzvereine bemühten sich in hohem Maße um Ausweisung und Betreuung solcher Gebiete. Heute sind die deutschen Küsten, vor allem die der Nordsee mit ihrer reichen Seevogelwelt, jene Regionen in Europa mit den meisten Naturschutzgebieten. Es gibt praktisch keine Nordseeinsel ohne Naturschutzgebiet. Ebenso sind an der Festlandküste geeignete Landschaften als Natur- oder zumindest Landschaftsschutzgebiete eingerichtet worden, wobei neben dem zunächst vorrangigen Seevogelschutz auch der Schutz der sonstigen Fauna, der Flora und der Landschaft an Bedeutung gewann.

Die Ausweisung von Nationalparks

Die geplante Einrichtung von Schnellfähren zu Inseln und Halligen, die industrielle Ausweitung der Muschelfischerei, der schlechte Zustand der Seehundpopulationen (als Folge von Schadstoffbelastungen aus Fabrikabwässern der umliegenden Nordseeländer) sowie latent drohende »Ölpest« durch Tankschiffunfälle führten dann Anfang der 1970er-Jahre dazu, auch das Wattenmeer an der deutschen Nordseeküste in den Naturschutz einzubeziehen.

Zuerst erhielt das Nordfriesische Wattenmeer den Status »Naturschutzgebiet«. 1985 erfolgte dann die Ausweisung des gesamten Wattenmeeres vor der schleswig-holsteinischen Westküste zum »Nationalpark«. Dieses Vorhaben der Landesregierung wurde nicht ohne Widerstände in der Küstenbevölkerung durchgesetzt, tangierte doch der Nationalpark bewohnte Bereiche sowie Nutzungsrechte.

Erlebnistipp: Sammeln und sortieren

Flutsaum mit Seesternen.

Die Fülle der Flutsaumfunde erweckt den Wunsch, diese zu sammeln und zu sortieren und als Erinnerung mit nach Hause zu nehmen. Man sollte aber nicht versuchen, Seegetier zu präparieren, das noch Fleisch oder Organe enthält. Sie verwesen sehr schnell und verbreiten einen unerträglichen Gestank. Beliebt ist vor allem das Sammeln von Muschelschalen. Und wer geduldig den Flutsaum durchstöbert, ist überrascht, bis zu 20 Arten in verschiedensten Farben zu finden. Auch Schneckengehäuse sind mit bis zu einem Dutzend Arten vertreten. Geeignet zum Aufbewahren sind auch die Gehäuse der Seeigelarten, sofern deren Bewohner gestorben und bereits verwest sind. Solche Gehäuse findet man mit und ohne Stacheln. Auch die Panzer von Seesternen kann man nach dem Herauskratzen des Fleisches aus den Armen trocknen und aufbewahren. Von Krebsen werden am ehesten die Scheren und Panzer aus einer Häutung oder von abgestorbenen Tieren gefunden. Ebenso sind die Eikapseln des Rochens, die Sepia-Schulpe vom Tintenfisch und die Eiballen der Wellhornschnecke in getrocknetem Zustand jahrelang haltbar.

In »Andenkenläden« mancher Küstenorte werden oft getrocknete Seepferdchen sowie bizarre und bunte Gehäuse von Muscheln und Schnecken angeboten. Diese stammen aber aus der Südsee und Karibik, wo diese selten werdenden Tiere aus der See geholt werden – ein Vorgang, den man durch Kauf nicht unterstützen sollte!

1986 wurde auch das niedersächsische Wattenmeer zum Nationalpark erklärt und 1990 folgte Hamburg mit seinem Wattenmeer-Anteil vor Cuxhaven. Damit sind an der deutschen Nordseeküste über 5300 Quadratkilometer in den Schutz der Nationalparks einbezogen – das größte Schutzgebiet Europas.

Weltnaturerbe

Im Juni des Jahres 2009 erhielt das Wattenmeer an der deutschen und niederländischen Nordseeküste noch ein zusätzliches Prädikat. Es wurde mit einer Größe von fast 9 800 km^2 von der UNESCO als »Weltkulturerbe« anerkannt und steht damit in einer Reihe mit der Serengeti in Ostafrika, dem Grand Canyon in den USA und den Großen Barriere-Riff vor der Küste Australiens. Grundlage der Anerkennung waren die Geologie und die Vielfalt des Tier- und Pflanzenlebens in dieser Meereslandschaft.

Natur selbst erleben

Wer an der Küste Urlaub macht, möchte natürlich auch viel interessante Natur entdecken und erleben. Der Naturschutz hat sich zur Aufgabe gemacht, Menschen an die Natur heranzuführen und Verständnis zu erwecken. Deshalb werden in zahlreichen Badeorten an der Küste und auf den Inseln von dort ansässigen Naturschutzvereinen Führungen organisiert – sei es zu Seevogelschutzgebieten oder Wattenwanderungen. Etliche Schutzgebiete sind allerdings während der Brutzeit gesperrt.

Beispielsweise gibt es solche vogelkundlichen Führungen zu den Möwenkolonien auf Langeoog, wo die brütenden Vögel, an Menschen gewöhnt, sehr zutraulich sind. Viel besucht ist auch die Amrumer Odde, wo von einer hohen Düne aus ein Einblick in das Treiben der Möwenkolonien vermittelt wird. Und eindrucksvoll ist auch der Blick vom hohen Felsen Helgolands auf das lebhafte Treiben in den Kolonien der Trottellummen, Dreizehenmöwen, Basstölpeln und anderer hier brütenden Hochseevögel. Im übrigen aber werden fast alle heimischen Seevögel auch außerhalb der Schutzgebiete in nahezu allen Landschaften angetroffen, wo sie oft im Nebeneinander mit Weidevieh oder menschlichen Aktivitäten erfolgreich brüten und ihre Jungen aufziehen.

Vogelbeobachtung am Meer ist für viele ein besonderes Erlebnis.

Erlebnistipp: Fotografieren am Meer

Wolkenformationen verleihen dem Wattenmeer zusätzlichen Reiz.

Blauer Himmel und Sonnenschein gelten nach allgemeiner Ansicht als das beste »Fotowetter«. Aber wer kritische Maßstäbe anlegt weiß, dass dies nur für die eigentlichen »Badebilder« gilt.

Wenn es um Landschaftsfotos geht, ist zu bedenken, dass Landschaften an der Küste (Marschen, Salzwiesen, Strände, Sände, Halligen usw.) sehr wenig strukturiert, ja oft tischeben sind und über sich bzw. über dem Horizont einen hohen Himmel haben. Ist dieser Himmel einfarbig blau, wirkt er oft fade. Deshalb macht man Landschaftsfotos, wenn Wolken ziehen. Wolken, weiße Sommerwolken oder dramatisches Sturmgewölk, verleihen den Küstenlandschaften ihren eigentlichen Reiz. Anregungen hierzu geben auch Bildbände und Kalender namhafter Küstenfotografen.

Auch Sonnenuntergänge sind oft am schönsten hinter rot oder gelb angestrahlten Wolken. Fotografiert man Sonnenuntergänge vor blankem Himmel, muss man warten, bis die Sonne rot ist und nicht mehr überstrahlt. Dies ist unmittelbar vor dem Eintauchen ins Meer der Fall.

Ein Reiz des Fotografierens liegt aber auch in den kleinen Details des täglichen Naturschauspiels – seien es Spuren und Strukturen, die der Wind im Dünensand hervorgerufen hat, oder Rippelmarken am Strande und im Watt. Hier gilt es sehr früh am Morgen oder spät am Abend zur Stelle zu sein, wenn die niedrig stehende Sonne auch kleinste Strukturen durch Schattenwurf betont.

Einführung

Ebenso reizvoll sind Fotos von Muschelschalen im Flutsaum. Man staunt, welche Vielfalt von Farben hier sichtbar wird, die man als bloßer Strandwanderer kaum wahrgenommen hat. Für Aufnahmen von kleinstem Seegetier ist natürlich ein Makroobjektiv nötig, dazu ein Stativ, um mit großer Blende aber entsprechend langer Belichtungszeit eine scharfe Abbildung und große Tiefenschärfe zu erreichen.

Fotografiert man Einzelpflanzen, empfiehlt sich eine dunkle Hintergrundpappe. Sie hebt nicht nur die Pflanze plastisch heraus, sondern bietet auch Windschutz. Denn fast immer weht ein leichter Wind und die Pflanzen sind dauernd »am Wackeln«.

Besonderes Interesse weckt naturgemäß das Fotografieren von Seevögeln und Seehunden. Manche Seevögel sind gegenüber dem Menschen sehr zutraulich und halten nur eine geringe Fluchtdistanz. Trotzdem kommt man beim Fotografieren nicht umhin, Teleobjektive ab 200 mm Brennweite zu benutzen. In speziellen Fällen kann man ein Fotoversteck aus Tarnnetzen einrichten und lauern und hoffen, dass Vögel nahe herankommen.

Auch für die großen Seehunde und Kegelrobben sind Teleobjektive nötig, weil Ausflugsschiffe einen gewissen Abstand zu den auf den Sandbänken ruhenden Tieren halten.

Wer Seehunde und Kegelrobben erleben will, besucht die gut eingerichteten Stationen in Norddeich, Bremerhaven oder Friedrichskoog. Oder er fährt mit einem der zahlreichen Ausflugsschiffe hinaus in deren Lebensraum. Beide Robbenarten haben sich an staunende Touristen gewöhnt. Auf der Düne von Helgoland liegen Seehunde und Kegelrobben sogar am Badestrand neben den Kurgästen!

Die Kleintierwelt des Wattenmeeres wird auf Wattenwanderungen vermittelt, die von fast allen Badeorten an der Nordseeküste stattfinden. Berühmt ist auch die Fahrt mit Pferdefuhrwerken von Cuxhaven zur Insel Neuwerk. Neben den Naturführungen finden Küstenbesucher aber auch zahlreiche Naturzentren und Nationalparkhäuser, sowohl an der Festlandsküste als auch auf Inseln und Halligen. Besonders aufwändig ausgestattet ist das Multimar des Nationalparkamtes bei Tönning. Ergänzt werden diese Einrichtungen durch Aquarien, so in Wilhelmshaven, in der Biologischen Station Helgoland oder in Westerland auf Sylt.

Es ist unmöglich, das umfangreiche Angebot – einschließlich noch etlicher Museen mit ihren naturkundlichen Abteilungen – vollständig zu erwähnen, sodass hier auf die Information vor Ort verwiesen wird, z.B. in den jeweiligen Veranstaltungskalendern der Vereine und Kurorte.

Spuren in Watt und Sand

Düne mit Spuren

Wer im hellen Sand von Strand und Dünen die Tierspuren betrachtet, kann darin lesen wie in einem Buch. Auf dem Foto kreuzen sich Spuren von Austernfischer und Möwe. Aber man erkennt auch die Spur eines nachtaktiven Käfers, der den Sandberg »erstürmt« hat.

Möwenspur

Möwen bewegen sich in Mengen auf dem Ebbewatt umher und stöbern mit scharfen Augen Getier auf, das den Anschluss an das ablaufende Wasser verpasste. In Wattpfützen sind Garnelen, Strandkrabben und sonstige Tiere, aber auch Aas zu finden.

Eiderenten unterwegs

Wenn Ende Mai oder Anfang Juni in den Inseldünen die Eiderenten schlüpfen, werden sie umgehend zum Wasser geführt. Deutlich sieht man nun im Dünensand die Spuren der Mutterente mit ihren Schwimmhäuten sowie jene der Jungen.

Stocherspuren

Millionen von Limikolen eilen bei Ebbe nahrungsuchend über das Watt und stochern in Sand und Schlick nach Krebstieren, Würmern, Muscheln und Schnecken. Hier hat ein Austernfischer seine derben Fußspuren und ein Stocherloch hinterlassen.

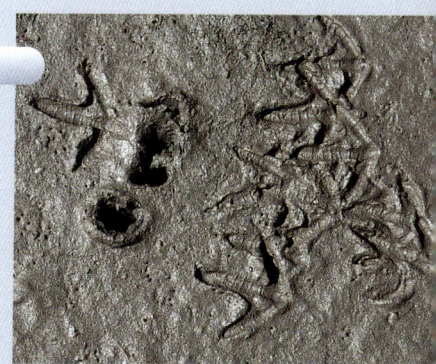

Wildkaninchenspur

In den Dünen fast aller Nordseeinseln, aber auch an der Festlandküste kommen Wildkaninchen in Unmengen vor. Sie sind vor allem nachts unterwegs, sodass am nächsten Morgen im hellen Sand das Hin und Her unzähliger Wildkaninchenspuren zu sehen ist.

Wettlauf der Strandschnecken

Strandschnecken bevölkern zu Hunderttausenden Festwerke am Ufer, wo sie bei Ebbe ruhen. Etliche eilen aber im Schneckentempo der abziehenden Ebbe nach und ziehen dabei lange Schleifspuren durch Sand und Schlick.

Spuren im Watt und Sand

Kaninchen-Toiletten

Kaninchen leben in größeren und kleineren Verbänden und markieren ihr Revier gegenüber benachbarten Familien u. a. durch das konzentrierte Absetzen von Kot an bestimmten Stellen. Die Kotkugeln geben Auskunft über die Nahrung – und sie stinken nicht!

Speiballen von Möwen

Möwen sind Allesfresser und schlingen auch Muscheln mitsamt der Schale hinab. Im kräftigen Muskelmagen werden die Schalen – auch solche von Krebstieren – zerrieben und als »Speiballen« wieder herausgewürgt. Andere Ballen zeigen Getreide, Krähenbeeren u. a.

Muschelkot der Eiderente

Eiderenten tauchen nach Mies- und Herzmuscheln und verschlingen diese mitsamt der Schale. Im Muskelmagen werden die Schalen zu Grus zermahlen und kennzeichnen den Kot dieser großen Tauchente. Eiderenten fressen täglich bis zu 3 kg Muscheln!

Salzkäfer-Krümel

Im Schlicksand und im reinen Sand am Wattufer knapp unter der Hochwasserlinie verraten kirschengroße Sandkrümelhäufchen den Salzkäfer (Bledius arenarius), der in fingertiefen Röhren haust und diese bei Überflutung mittels Luftblase verschließt.

Sternspur

Strahlenförmige Spuren auf dem Wattboden verraten, dass hier der Seeringelwurm seine Höhle verlassen hat, um auf dem Wattboden nach Nahrung (Kieselalgen, Detritus) zu suchen. Dabei verbleibt er aber teilweise in der Röhre, um sich bei Gefahr schnell zurückzuziehen.

Kothäufchen des Wattwurms

Vereinzelt an Brandungsstränden, dicht an dicht aber im ruhigen Sandwatt sind die Ausscheidungen des Wattwurms mit den benachbarten Trichtern und Löchern zu sehen. Sie entstehen durch die rastlose Tätigkeit des Wurmes in seiner U-förmigen Wohnröhre (siehe auch S. 91).

Säugetiere

Wer an der Küste von Säugetieren redet, denkt weniger an Fuchs, Hase oder Reh, die auf dem Festland selbstverständlich verbreitet sind. Auch Eichhörnchen, Wiesel oder Mäuse interessieren im Allgemeinen weniger. Die Neugierde und Sympathie gilt vielmehr den Säugetieren, die den Lebensraum Meer für sich erobert haben, den Robben und Walen.

Seehund

Seehunde *(Phoca vitulina)* sind mit 5 Unterarten über den Nordatlantik und über den Nordpazifik verbreitet, aber nirgendwo sind sie ein derartiges »Symboltier« wie an der Nordseeküste. Hier haben sie in den letzten Jahrzehnten durch Seuchen und Massensterben in den Jahren 1988 und 2002 weltweite Aufmerksamkeit erregt.

Die ursprüngliche Vermutung, dass die Seuchen durch Umweltbelastungen ausgelöst wurden, hat sich aber nicht bestätigt. Richtig ist, dass Seehunde als Endglieder einer Nahrungskette mit verschiedenen Schadstoffen (Schwermetalle, PCB u. a.) in ihrem Fettgewebe belastet sind. Doch bleiben diese Stoffe bei gut genährten Seehunden in der Regel unwirksam. Als Auslöser der Seuchen wurden

vielmehr Staupe-Viren, kurz PDV (»phocine distemper virus«) identifiziert, wobei deren Herkunft umstritten ist. Einige Wissenschaftler vermuten, dass Sattelrobben aus dem Nordatlantik die Viren in die Nordsee eingeschleppt haben. Wahrscheinlicher aber ist, dass sie aus Abwässern dänischer Nerzfarmen in das Kattegat und von da in die Nordsee gelangten. Seehunde sind Rudeltiere, die zu Dutzenden, ja Tausenden bei Ebbe auf Sandbänken ruhen, aber immer in der Nähe tiefer Priele, damit sie bei Gefahr schnell wegtauchen können. Seit 1973/74 werden Seehunde aber nicht mehr bejagt und sind mancherorts sehr zutraulich geworden. Die männlichen Tiere werden bis 1,70 m, die weiblichen bis 1,50 m lang und erreichen ein Gewicht bis 130 bzw. knapp 100 kg. Das Lebensalter liegt bei 35–40 Jahren.

Beim Schwimmen erreichen Seehunde, angetrieben von den Hinterflossen, eine Geschwindigkeit von bis zu 35 km/h und können bis zu 5 Minuten und länger unter Wasser bleiben. Ungeachtet der wiederkehrenden Seuchen ist der Bestand der Seehunde an der Nordseeküste ungefährdet.

Kegelrobbe

Neben dem Seehund hat sich seit Ende der 1950er-Jahre eine weitere Robbenart an der Nordseeküste etabliert – die Kegelrobbe *(Halichoerus grypus)*. Zuerst wurden Sandbänke südlich von Sylt bzw. westlich von Amrum besiedelt, seit dem Jahre 2000 auch die Düneninsel von Helgoland und Sände nahe Norderney. Kegelrobben sind vor allem an Felsenküsten des Nordatlantiks verbreitet. Die Bullen erreichen eine Länge von etwa 2,30 m und ein Gewicht von knapp 300 kg. Die Weibchen sind aber auffallend kleiner.

Zu den Merkwürdigkeiten dieser großen Robbenart gehört die Tatsache, dass die Jungen im Winter, zwischen Oktober und Januar, geboren werden und noch ein weißgelbes »Geburtskleid«, das Lanugofell, tragen. Die Jungen sind gleich schwimmfähig, dürfen aber nicht stundenlang im Wasser bleiben, weil sie dann an Unterkühlung sterben.

Erst nach etwa zwei Wochen ist infolge der fettreichen Robbenmilch mit einem Fettgehalt von etwa 47 % die kälteisolierende Fettschicht entsprechend dick. Die jungen Kegelrobben benötigen deshalb in den ersten Wochen die Sicherheit hoher, flutfreier Strände bzw. von Felsenküsten. Weil bei Sturmfluten, wie sie im Winterhalbjahr nicht selten sind, die Seesände überflutet werden, suchen die Jungen in Begleitung ihrer

Kegelrobben haben unterschiedliche Fellfärbungen.

Mütter Inselstrände und Halligufer auf und ruhen hier tage- oder wochenlang.
Die Säugezeit dauert kaum 4 Wochen. Dann verlässt die Robbenmutter ihr Jungtier, um sich erneut zu verpaaren. Das Jungtier ernährt sich von der umfangreichen Fettschicht und verliert bald Büschel um Büschel seinen »Babypelz«, unter dem das nächste Fell herangewachsen ist. Mit 3–4 Wochen geht die Kegelrobbe dann in die Nordsee und kann sich selbstständig ernähren.

Andere Robben und Wale

Nur selten tauchen andere Robbenarten an der Nordseeküste auf, doch wurden einige Male die kleinste Art, die **Ringelrobbe** *(Phoca hispida)*, sowie die **Klappmütze** *(Cystophora cristata)* bestätigt. Auch das **Walross** *(Odobenus rosmarus)* hat sich in den letzten hundert Jahren zweimal bei Sylt gezeigt.
Als weitere Säugetiere kommen gelegentlich Delfinarten, vor allem aber der **Schweinswal** *(Phocoena phocoena)* in der Nord- und Ostsee vor und dringen kurzzeitig auch in Fluss-

Erlebnistipp: Seehundsbänke, »Heulerstationen«

Seehunde lernt der Besucher der Nordseeküste aus nächster Nähe durch Ausflugfahrten zu den Seehundsbänken kennen. Von allen Küstenorten und Inselbädern fahren Motorschiffe zu den bei Ebbe auf ihrer »Sonnenbank« ruhenden Seehunden, denen die Boote vertraut sind, sodass keine Störung verursacht wird. Mancherorts, so auf der Düne von Helgoland, sind die Seehunde infolge der seit 1973 dauernden Schonzeit so zutraulich geworden, dass sie in Rudeln ganz nahe am Badestrand liegen und sich kaum um Menschen kümmern – typisch auch für andere Robbenarten.

Im Juni werden auf den Sandbänken im Wattenmeer die jungen Seehunde geboren. Sie kommen in einem voll entwickelten Fell zur Welt und können gleich schwimmen, eine Eigenschaft, die notwendig ist, weil die Sandbank bei der nächsten Flut überflutet wird. Immer wieder werden junge Seehunde am Strande und auf Wattensänden gefunden, wo sie einen heulenden Ruf hören lassen und deshalb auch »Heuler« genannt werden. Lässt man die Jungtiere in Ruhe, werden sie in der Regel von der Mutter wieder gefunden. Aber in etlichen Fällen bleiben die Jungtiere verwaist und werden dann von beauftragten Seehundshegern zu einer »Heulerstation« (Norddeich, Friedrichskoog) gesandt und dort großgezogen.

Wie alle Robben wachsen auch die Seehunde schnell heran und sind bereits im Spätsommer in der Lage, ein selbstständiges Leben zu führen. Sie werden dann markiert und mit einem Kutter in das Watt gebracht, wo sie bald im nächsten Priel verschwinden. Erfahrungen haben gezeigt, dass »Heuler« durchaus mit der Selbstständigkeit zurechtkommen und sich den wild lebenden Seehundsrudeln anschließen.

Seehundpflege in einer »Heulerstation«.

mündungen vor. Der Schweinswal wird nur bis 1,80 m lang und erreicht ein Gewicht von etwa 50 kg. Im Volksmund wird der Schweinswal auch »Tümmler« genannt. Doch handelt es sich beim Tümmler *(Tursiops truncatus)* um einen sehr ähnlichen, aber bis 4 m groß werdenden Zahnwal.

Schweinswale treten oft in kleinen Trupps, so genannten Schulen, auf und kommen bis dicht an die Küste. Bei windstillem Wetter mit blankem Wasserspiegel sieht man sie öfter auftauchen, weil sie einige Male pro Minute atmen müssen. In den letzten Jahrzehnten sind sie häufiger geworden, sodass ein Walschutzgebiet im Seebereich vor Sylt und Amrum in Ergänzung zum Nationalpark ausgewiesen wurde. Ansonsten geht von verschiedenen Formen der Fischerei eine gewisse Gefahr für diese Tiere aus.

Zu den wiederkehrenden, unregelmäßigen, aber sich in den letzten Jahren häufenden Ereignissen gehört die Strandung von **Pottwalen** *(Physeter macrocephalus)* bei den Nord- und Ostfriesischen Inseln sowie bei Eiderstedt an der Festlandsküste. Hier sterben die bei Ebbe trockenfallenden Tiere aber bald durch Erstickung, weil das Gewicht die Lunge zusammendrückt. In einigen Naturzentren an der Nordseeküste sind präparierte Skelette dieser mächtigen Tiere ausgestellt.

Wildkaninchen

Bei Aufzählung der Säugetiere an der Nordseeküste darf das Wildkaninchen

(Oryctolagus cuniculus) nicht fehlen. Dieses ursprünglich auf der Iberischen Halbinsel (das Wort Spanien bedeutet »Land der Kaninchen«) beheimatete Nagetier wurde durch den dänischen König Waldemar schon um Anno 1230 auf der Nordseeinsel Amrum und im 15./16. Jahrhundert durch Fürsten und Grafen auch auf den Ostfriesischen Inseln als Jagdwild eingebürgert. Nach vorübergehender Ausrottung sind Kaninchen heute wieder in den Dünen der meisten Nordseeinseln vorhanden – trotz Myxomatose und Chinaseuche –, und überall im Sand und am Strand sind ihre nächtlichen Spuren zu sehen.

Vögel

Die deutsche Nordseeküste mit ihren Inseln und Halligen, den Salzwiesen, Lagunen in Kögen und Poldern sowie den Dünen, Sandstränden und Seesänden gehört zu den vogelreichsten Landschaften Europas. Vor allem treten hier See- und Wasservögel in Erscheinung. Sie sind relativ groß, einige Arten (Möwen, Austernfischer) sehr ruffreudig, kommen oft in Massenscharen vor und fallen deshalb in der flachen Küstenlandschaft und im hohen Himmel über Marschen und Meer besonders auf. Zudem sind etliche Seevogelarten gegenüber dem Menschen zutraulich und haben eine geringe Fluchtdistanz.

Möwen treiben sich sogar in Mengen in Menschennähe herum und lauern auf Fressbares. Dabei rauben sie Kekse und Kuchen auch aus der Menschenhand oder von Tellern auf Restaurantterrassen. Häfen und Strandpromenaden sind ständig von Möwen belebt und sie begleiten Fischkutter hinaus auf See und Fährschiffe auf ihren Fahrten zu den Inseln.

Ebenso haben Besucher der Meeresküste auch Gelegenheit, die See- und Strandvögel bei einem Besuch in einem der zahlreichen Vogelschutzgebiete in Form eines Präparates oder durch Ferngläser der Vogelwärter kennen zu lernen.

Die Küstenlandschaften werden besonders während der Brutzeit zwischen April und August belebt. Aber auch in der Zugzeit im Frühjahr und Herbst erscheinen Vögel in Massen – vor allem im Wattenmeer. Hier fallen insbesondere die »Wolken« der Knutts und Alpenstrandläufer auf, aber auch die Scharen der Pfuhlschnepfen, Brachvögel und Goldregenpfeifer. Auf den Salzwiesen äsen Zehntausende von Ringel- und Nonnengänsen, so dass Naturschutzbehörden an betroffene Landwirte »Wildschaden« bezahlen.

Silbermöwe

Silbermöwen *(Larus argentatus)* sind die bekanntesten Vögel der Meeresküste – weiß leuchtend und mit silbergrauen Flügeldecken. Und wie andernorts Adler zieren sie Wappen und Fahnen mancher Küstenstadt, wo sie in zunehmender Zahl auf Dächern größerer Gebäude brüten. Ihre Hauptbrutplätze liegen aber auf Düneninseln an der Nordseeküste. Auf Memmert, Spiekeroog, Mellum, Trischen und Amrum treten sie in Kolonien mit einigen tausend Brutpaaren auf und verdrängen fast alle anderen Seevogelarten.

Bestimmungsübersicht Vögel

Silbermöwe, Seite 31

Kormoran, Seite 41

Lachmöwe, Seite 37

Brandgans, Seite 46

Küstenseeschwalbe, Seite 39

Eiderente, Erpel, Seite 47

Vögel 33

Ringelgans, Seite 48

Sandregenpfeifer, Seite 51

Austernfischer, Seite 49

Rotschenkel, Seite 52

Säbelschnäbler, Seite 50

Sanderling, Seite 65

Silbermöwenpaare bleiben oft jahre- und jahrzehntelang zusammen und finden sich alljährlich auf ihren vorherigen Brutplätzen. Als höchstes Lebensalter wurden 43 Jahre ermittelt. Erst im 4. Lebensjahr werden Silbermöwen geschlechtsreif, nachdem sie in den ersten Jahren noch ein braun gesprenkeltes Federkleid getragen haben.
Als »Allesfresser« bevölkern sie im Winter binnenländische Müllplätze, können in der sommerlichen Brutzeit aber auch als Gelege- und Jungvogelräuber andere Seevögel dezimieren.

Silbermöwe mit Jungen.

Heringsmöwe

Die Heringsmöwe *(Larus fuscus)* mit den dunklen Flügeldecken – am dunkelsten bei den östlichen Rassen *L.f.intermedius* und *L.f.fuscus* – und den gelben Beinen (bei der Silbermöwe fleischfarben) brütete bis um 1970 nur auf wenigen Nordseeinseln. Seitdem ist der Bestand aber regelrecht »explodiert« und zählt gegenwärtig einige 10 000. Auf fast allen Nordseeinseln und Halligen kommt die Heringsmöwe als Brutvogel vor (auf Amrum mit rund 8000 Brutpaaren) und hat auch schon Plätze an der Ostseeküste besiedelt.
Heringsmöwen sind Zugvögel. Im Herbst fliegen sie bis hinunter zu westafrikanischen Küsten. Im Gegensatz zum Allesfresser Silbermöwe ernährt sich die Heringsmöwe vorwiegend von Fischen und dem Beifang von Fischkuttern und fliegt bis zu 100 km hinaus auf See.

Auch Sturmmöwen rauben Gelege und Jungvögel.

Sturmmöwe

Auf den ersten Blick erscheint die Sturmmöwe *(Larus canus)* wie das kleinere Abbild der Silbermöwe. Aber die Beine sind grünlich (Silbermöwe: fleischfarben), und es fehlt der charakteristische rote Schnabelfleck ihrer größeren Verwandten.

Sturmmöwen dominierten früher an der Ostseeküste, auf Inseln und Wardern. Aber die Ausbreitung von Füchsen hat dort fast alle Brutkolonien vernichtet, sodass diese Art inzwischen an der Nordseeküste häufiger geworden ist. Sturmmöwen treiben sich gerne in Menschennähe herum und lauern darauf, Essbares zu erhaschen.

Lachmöwe

Die Lachmöwe *(Larus ridibundus)* kam früher fast nur im Binnenlande vor, wo sie an Schilfseen (Lachen) und Moortümpeln brütete. Erst seit den 1950er-Jahren fand sie ihren Weg zur Meeresküste und gehört heute mit über 50 000 Brutpaaren zu den häufigsten Möwenarten. Begünstigt wurde die Vermehrung durch Eindeichungen von Salz- und Wattwiesen, wobei lagunenartige Becken für die Entwässerung des Hinterlandes entstanden.
Lachmöwen brüten in dichten Kolonien, mit einem Nestabstand von oft

Erlebnistipp: Allgegenwärtige Möwen

Möwen folgen Pflügen, um aus dem Boden geworfenes Getier zu fressen.

Möwen sind die »Allerweltsvögel« der Meeresküsten. Sie lauern in den Häfen auf Abfälle und folgen den ausfahrenden Fischkuttern weit hinaus auf die See. Hier wirbeln sie mit gierigem Geschrei beim »Hol« (dem Einholen der Netze) heran und zanken sich um die aus den Netzmaschen herauszappelnden Kleinfische und Krebse.
Ebenso sind Möwen zur Stelle, wenn nach dem Aussortieren der Beifang (»Discard«) wieder über Bord gespült bzw. geschaufelt wird, um das – längst abgestorbene – Getier zu erbeuten, bevor es untergegangen ist. Denn Möwen können nicht tauchen, sondern nur so tief ins Wasser langen, wie Hals und Schnabel lang sind. Der Beifang, oft bis zu 90 % des Netzinhaltes, ist ein wesentlicher Faktor für die Ernährung und Vermehrung der Möwen.
Möwen folgen auch den Linienschiffen zwischen Inseln und Festland. Hier warten sie darauf, von den Passagieren gefüttert zu werden, wobei sie im Vorbeifluge hingehaltene Brotstücke geschickt aus der Menschenhand picken.
Möwen, vor allem Lach- und Sturmmöwen, folgen als dichte krächzende »Wolke« aber auch den Landwirten beim Pflügen der Feldmark. Hier erbeuten sie das von der Pflugschar aus dem Boden geworfene Getier, von Würmern bis zu den großen Wühlmäusen, die eine nach der anderen von den Silbermöwen lebend geschluckt werden.
Ebenso treten Möwen als »Bettler« bei Kurgästen an Strandkörben und auf Strandpromenaden auf. Insbesondere Sturmmöwen sind dabei sehr dreist und rauben Kindern und Kurgästen auch Kekse und Kuchen aus Hand und Mund.
Für heimkehrende Hochseefischer und Seefahrer sind Möwen immer das erste Anzeichen von Landnähe und den Heimathafen.

Zur Brutzeit ist der Kopf der Lachmöwen schokoladenbraun.

nur 1–2 m. Dies führt zu ständigem Nachbarschaftsstreit, sodass ein unentwegter Lärm zu hören ist. Lachmöwen tragen in der Brutzeit ein schokoladebraunes Kopfgefieder, im Winter jedoch nur einen dunklen Fleck am Auge. Alle genannten Möwenarten legen 3 Eier und brüten im Mai/Juni, wobei beide Partner an der Brut und an der Aufzucht beteiligt sind.

Weitere lokal und vereinzelt an deutschen Küsten brütende Möwenarten sind die große **Mantelmöwe** *(Larus marinus)*, die aus dem Osten zuwandernde **Schwarzkopfmöwe** *(Larus melanocephalus)* sowie die **Dreizehenmöwe** *(Rissa tridactyla)*, die mit einigen tausend Paaren an den Klippen von Helgoland ihren einzigen Brutplatz an deutschen Küsten hat.

Flussseeschwalbe

Flussseeschwalben *(Sterna hirundo)* kamen früher vorwiegend im Binnenlande, an Flüssen und verlandenden Teichen vor. Dort brüteten sie vor allem auf Inseln, oft in Gesellschaft mit Lachmöwen. Aber derzeit sind binnenländische Brutplätze eher selten. Schon seit den 1930er-Jahren zogen die Flussseeschwalben zunehmend zur Küste und besiedelten Inseln und Halligen. Aber es sind unstetige Vögel, die mal hier, dann woanders brüten, ohne dass ein Grund erkennbar ist.

Flussseeschwalben-Paar am Brutplatz.

Flussseeschwalben bauen noch ein richtiges Nest und legen 3 Eier, während sich die nahe Verwandte, die Küstenseeschwalbe, in der Regel mit einer einfachen Bodenmulde begnügt und nur 1–2 Eier legt. Flussseeschwalben tragen auf dem orangenroten Schnabel eine dunkle Spitze – der augenfälligste Unterschied zur sehr ähnlichen Küstenseeschwalbe.

Küstenseeschwalbe

Die Küstenseeschwalbe *(Sterna paradisaea)* ist eine hocharktische Art, die noch an den Nordküsten von Grönland brütet. Im Bereich der deutschen Küsten hat sie ihre südlichste Verbreitung als Brutvogel. Im Unterschied zur vorgenannten Verwandten hat die Küstenseeschwalbe einen rein karminroten Schnabel und fällt insbesondere durch ihre Angriffslust auf. Störenfriede im Brutgebiet werden mittels Sturzflügen oft schmerzhaft attackiert. Fluss- und Küstenseeschwalben brüten oft in Gesellschaft.

Von allen Zugvögeln machen Küstenseeschwalben die weiteste Winterreise. Aus dem arktischen Norden ziehen sie gleich nach der Brutzeit an afrikanischen Küsten entlang bis zum Eisrand der Antarktis, fliegen also etwa 17500 km vom Hochsommer der Nordhalbkugel hinein in den Frühling der Südhalbkugel, brüten aber nicht in der Antarktis.

Küstenseeschwalbe mit erbeutetem Fisch.

Zwergseeschwalbe

Der wissenschaftliche Name, *Sterna albifrons*, verrät ein Merkmal dieser kleinsten Seeschwalbenart: die weiße Stirn im schwarzen Kopfgefieder. Kennzeichnend ist auch der Ruf »wääd-wääd« oder »wittwitt«.

Die Zwergseeschwalbe ist von den heimischen Arten die seltenste und am meisten gefährdet. Sie kann ihre Brut kaum gegen Möwen und Krähen verteidigen, brütet vorwiegend auf flachen, fast vegetationslosen Sandstränden, wo Gelege und Jungvögel im Sandflug oder durch Sturmfluten verloren gehen. Dort, wo keine Schutzzäune aufgestellt werden, kollidieren die Brutplätze der Zwergseeschwalbe auch mit den Ansprüchen des Tourismus an Badestränden. So kommt diese Art an deutschen Meeresküsten vor allem in den Naturschutzgebieten vor.

Das Gelege besteht aus 3 Eiern, die in ihrer Umgebung zwischen Muschelschalen gut getarnt sind.

Brandseeschwalbe

Die vorgenannten Seeschwalbenarten brüten in mehr oder weniger großen Kolonien, manchmal auch einzeln, verstreut an der gesamten Nordseeküsten, an einigen Stellen auch in Naturschutzgebieten an der Ostseeküste. Die Brandseeschwalbe *(Sterna sandvicensis)* aber konzentriert sich an ganz wenigen Brutplätzen (Hallig Norderoog, Insel Trischen) mit bis zu 5000 Brutpaaren in dichten Kolonien, wobei der Abstand von Nest zu Nest nur etwa 25 cm beträgt. Wegen des ständigen Streits der ihren Platz verteidigenden Vögel liegt eine weit hörbare »Lärmwolke« über den Kolonien.

Kennzeichnend für die Brandseeschwalbe ist das sich sträubende Nackengefieder der schwarzen Kopfhaube bei den erregten Vögeln.
Es grenzt geradezu an ein Wunder, dass die wegen einer Störung (etwa eine vorbeifliegende Silbermöwe) auffliegenden Seeschwalben beim Landen unfehlbar aus Tausenden gleichartiger Gelege das eigene finden. Und noch größer ist das Wunder, dass sie später unter den Unmengen der herumlaufenden Jungen – allein an der Stimme – die eigenen erkennen, wenn sie zum Füttern anfliegen.
Alle genannten Seeschwalbenarten ernähren sich ausschließlich von Klein-

fischen, die sie stoßtauchend erbeuten. Und alle Seeschwalben sind nur kurzzeitige Sommergäste an deutschen Küsten. Sie kommen erst im April und ziehen bereits im Juni/Juli mit ihren kaum flüggen Jungen wieder davon, den westeuropäischen und westafrikanischen Küsten folgend, bis nach Südafrika bzw. die Küstenseeschwalbe zur Antarktis.

Kormoran

Dieser große Wasservogel ist in den letzten Jahren an deutschen Küsten zu einer regelmäßigen Erscheinung geworden, nachdem er hier fast ausgestorben war. Nur auf einem alten Leuchtturm an der Außenweser sowie in einem Gehölz in Ostfriesland und an der Ostseeküste der damaligen DDR gab es noch wenige, kleinere Brutkolonien. In den letzten Jahrzehnten aber erfolgte eine fast unglaubliche Vermehrung und Ausbreitung der Kormorane *(Phalacrocorax carbo)*, wobei sich sowohl an der Küste als auch an binnenländischen Seen große Brutkolonien bildeten. An deutschen Küsten brüten Kormorane auch auf dem Boden von Nord- und Ostseeinseln, auf Seezeichen, Schiffwracks u. Ä. Kormorane sind Schwimmvögel, die tauchend wie Torpedos durch das Wasser schießen und Fische erbeuten. Aber sie haben kein Fettgefieder und müssen deshalb nach Schwimm- und Tauchphasen ihr Gefieder trocknen. Zu diesem Zweck sitzen sie mit ausgebreiteten Flügeln stundenlang auf Buhnen und Brückendalben.

Mancherorts werden Kormorane als »Problemvögel« betrachtet. Wo sie auf Bäumen nisten, sterben diese durch den Kot dieser Vögel bald ab. Und Fischwirte melden große Verluste an ihren Fischteichen.

Vogelnester und Eier

Silbermöwe

Mit trockenen Halmen ist das Nest der Silbermöwe ausgepolstert. Das komplette Gelege enthält 3 Eier, doppelt so groß wie Hühnereier, die farblich sehr variabel sind – von braun über grün bis blaugrau. Zwecks Tarnung sind die Eier mit Flecken übersät.

Lachmöwe

Weil die Lachmöwe in Feuchtgelände mit oft wechselnden Wasserständen brütet, schichtet sie hohe Nester auf, die teilweise schwimmfähig sind. Dabei konzentrieren sich Lachmöwen oft in großen Kolonien. Die 3 Eier sind etwas größer als Hühnereier.

Zwergseeschwalbe

Trotz Bedrohung durch Sandflug und Sturmfluten brüten Zwergseeschwalben auf flachen Sandstränden nahe am Meer. Die 3 Eier liegen in einer einfachen Sandmulde, sind aber im Mosaik der umliegenden Muschelschalen großartig getarnt.

Austernfischer

Der Austernfischer legt 3, manchmal 4 Eier, nistet fast überall – sogar auf Hausdächern – und stellt keine Ansprüche hinsichtlich des Nestreviers. In der Regel liegt das Gelege in einer einfachen Mulde ganz offen, weil der Austernfischer nur wenige Feinde hat.

Sandregenpfeifer

Im Geröll der Muschelschalen oder steiniger Strände verschwinden die 4 grauen, dunkel gepunkteten Eier des Sandregenpfeifers durch »optische Auflösung« und sind kaum zu finden. Oft sammeln die brütenden Vögel aus der Umgebung noch Mengen von Steinen ein.

Eiderente

Fast 4 Wochen dauert die Brutzeit der Eiderente. Wenn sie kurzfristig ihr Gelege zwecks Nahrungsaufnahme verlässt, deckt sie einen dichten Daunenkranz darüber. So bleibt die Brutwärme erhalten und das Gelege ist vor Möwen und Krähen verborgen.

Jungvögel

Silbermöwe

Junge Silbermöwen – aber auch die anderen Großmöwenarten – tragen in den ersten Lebensjahren ein braun gesprenkeltes Federkleid, das nach jeder Mauser heller wird. Aber erst im 4. Lebenssommer bekommen sie ihr weißes »Möwen-Gefieder« mit den silbergrauen Flügeldecken und werden geschlechtsreif.

Lachmöwe

Bei kleineren Möwenarten vollziehen sich Geschlechtsreife und Gefiederentwicklung binnen eines Jahres. Schon im ersten Lebenssommer verliert die Lachmöwe zunehmend ihr braunes Jugendkleid und zeigt auch schon das dunkle Kopfgefieder.

Küstenseeschwalbe

Junge Küstenseeschwalben verlassen bald nach dem Schlüpfen den Nestbereich und warten – oft weit vom Brutplatz entfernt, aber gut getarnt durch ihr Gefieder – auf ihre Futter bringenden Eltern. Diese erkennen ihre Jungen an der Stimme und würden niemals – auch nicht in großen Kolonien – fremde Junge füttern.

Austernfischer

Die Jungen fast aller am Boden brütenden See- und Wasservögel sind Nestflüchter. Kaum aus den Eiern geschlüpft, verlassen sie für immer das Nest, werden aber bei Gefahr und Unwetter von den Eltern geschützt. Junge Austernfischer werden allerdings noch geführt und gefüttert. Bei Gefahr drücken sie sich an den Boden.

Brandgänse

Brandgänse brüten wegen ihres bunten Federkleides in Höhlen. Die Jungen werden aber wenige Stunden nach dem Schlüpfen zum Wasser geführt, wo sie in der Obhut beider Elternvögel Nahrung finden und geschickt tauchen. Am Ufer versammeln sich die Jungen oft dicht gedrängt, um sich vor Kälte zu schützen.

Eiderente

Eiderenten brüten oft kilometerweit vom Meer entfernt, müssen ihre Jungen aber wenige Stunden nach dem Schlüpfen zum Wasser führen. Wenn unterwegs gerastet wird und bei Gefahr nimmt die Entenmutter ihre Jungen unter die Flügel. Im Meer versammeln sich die Mütter, um in »Kindergärten« ihre Jungen zu betreuen.

Brandgans

Brandgänse *(Tadorna tadorna)* werden auch Brand**enten** genannt, weil sie sich nicht – wie Gänse – vegetarisch ernähren, sondern Kleingetier aus dem Flachwasser und aus Wattenpfützen »schnabulieren«. Hinsichtlich ihres Ehelebens aber stehen sie den Gänsen näher. Der »Ganter« bewacht das Nahrungs- und Brutrevier und beteiligt sich an der Führung der Jungen. Beide Geschlechter tragen ein fast gleichartiges Gefieder, kontrastreich schwarz-weiß, mit einem auffälligen rostbraunen Brustband. Doch ist der Ganter größer als die Gans und trägt in der Brutzeit einen Höcker auf dem roten Schnabel.

Wegen ihres bunten Federkleides brüten Brandgänse im sicheren Dunkel einer Höhle, die sich besonders auf den Düneninseln der deutschen Nordseeküste dank der vielen Wildkaninchen anbietet. Aber auch sonstige Höhlungen oder dichtes, bis zum Boden reichendes Gebüsch werden als Brutplätze genutzt.
Die Brandgans legt 8–12 Eier, und gleich nach dem Schlüpfen werden die Jungen zum Wattenmeer oder einem anderen Flachgewässer geführt.
Im Hochsommer versammeln sich fast alle Brandgänse aus dem Nordeuropäischen Raum zur Mauser im Wattenmeer vor der Elbemündung und sind wochenlang flugunfähig.

Eiderente

Die Eiderente *(Somateria mollissima)* brütet in Massen auf Island, Spitzbergen, Grönland und anderen arktischen Küsten, deren Bewohner die wertvollen Eiderdaunen zum Stopfen von Kissen »ernten«. Erst gegen Anfang des 19. Jahrhunderts breitete sich diese Meeresente auch an der Nordseeküste aus, zuerst auf Sylt, dann auch auf Amrum. Heute ist diese Art auf fast allen Nordseeinseln sowie auf einigen Halligen als Brutvogel zu finden, verschwindet allerdings sehr bald, wenn Füchse in das Brutgebiet gelangen, z. B. auf Sylt.
Eiderenten fallen durch ihr dreieckiges Kopfprofil auf. Während die Männchen auffällig schwarz-weiß gezeichnet sind, tarnen sich die Weibchen durch schlichtes Braun. Die fast pechschwarzen Jungen werden nach dem Schlüpfen zum Meere geführt und wachsen hier – oft konzentriert in »Kindergärten« – heran. Aber die Verluste durch Silbermöwen sowie durch Seuchen sind zeitweilig sehr hoch. Ebenso finden Jung- und Altvögel in Reusen den Tod. Die Jungvögel sind erst nach etwa 3 Jahren voll ausgefärbt.
Eiderenten sind fast ganzjährig an deutschen Küsten, vor allem in Schleswig-Holstein, häufig. Hier tauchen sie nach Miesmuscheln, die mitsamt der Schale gefressen werden. Die Schalen werden dann im Kot als »Muschelgrus« wieder

ausgeschieden. Auch kleine Fische und Krebstiere gehören zum Nahrungsspektrum dieser Meeresente.

Als weitere Enten, die sich als Zug- und Gastvögel vorwiegend auf dem Meer aufhalten, sind mancherorts Unmengen von **Trauerenten** *(Melanitta nigra)* zu beobachten. Auch die **Eisente** *(Clangula hyemalis)* sowie die **Schellente** *(Bucephala clangula)* sind regelmäßige Wintergäste an Nord- und Osteee. Ebenso häufig sind im Herbst und im Frühjahr **Pfeifenten** *(Anas penelope)* und **Spießente** *(Anas acuta)*, die früher in Mengen in den »Vogelkojen« gefangen wurden.

Ringelgans

Zwischen Ende Februar und Mitte Mai bevölkern bis zu 200 000 Ringelgänse *(Branta bernicla)* als Zwischenstation auf dem Zuge zu ihren arktischen Brutplätzen die deutsche Nordseeküste, kleinere Scharen auch die Ostseeküste. Ringelgänse fraßen vor allem Seegras im Wattenmeer, stellten ihre Äsung dann – nach dem Verschwinden des Seegrases – auf Salzwiesen und schließlich auch auf die Süßwasservegetation binnen der Deiche um. Hier klagen Landwirte nun über Schäden auf den Getreidefeldern. Ringelgänse haben einen hohen Nahrungsbedarf, um Fettreserven anzule-

gen für den fast »Non-Stop-Flug« zu ihren Brutplätzen an der sibirischen Eismeerküste. Im Spätsommer/Herbst erscheinen sie wieder mit ihren Jungen, verweilen aber nur kurzfristig an deutschen Küsten und ziehen bald weiter zu ihren Winterquartieren an britischen und westeuropäischen Küsten.

Neben der Ringelgans tritt lokal auch die **Nonnengans** bzw. **Weißwangengans** *(Branta leucopsis)* in Erscheinung, während an der Ostseeküste die **Blässgans** *(Anser albifrons)* dominiert. Auf küstennahen Feldern, aber auch weiter im Binnenland fallen Zehntausende dieser Vögel zum Äsen ein.

Austernfischer

Der Austernfischer *(Haematopus ostralegus)* ist ein »Allerweltsvogel«, dessen Gesamtmenge an der deutschen Nord- und Ostseeküste auf etwa 30 000 Brutpaare geschätzt wird. Er fällt auf durch sein kontrastreiches Schwarz-Weiß-Gefieder sowie seinem derben, orangeroten Schnabel, der den »Stochervogel« verrät.

Austernfischer – nahezu weltweit verbreitet – gehören – wie alle im Folgenden noch vorgestellten Arten – zu den Watvögeln oder Limikolen. Sie fallen auch durch ihre Ruffreudigkeit auf. Die meisten Vogelrufe, die der Küstenbesucher am Tage oder in der Nacht, im Sommer und Winter hört, stammen von diesem Vogel.

Austernfischer bilden spezielle Schnabelformen aus: lange, spitze, wenn sie nach Würmern oder sonstigem Bodengetier im Watt und in den Wiesen stochern, breitere derbe, wenn sie Mies- und Herzmuscheln öffnen oder Krabbenpanzer knacken. Natürlich ist der einzelne Austernfischer auf seine Nahrung spezialisiert und kann seine Schnabelform nicht ständig ändern. Austernfischer werden über 30 Jahre alt und halten am einmal erwählten und erkämpften Brutplatz lebenslang fest. Diese Brutplätze liegen sowohl auf Salzwiesen als auch auf kahlen Sandstränden oder in den Dünen, neuerdings sogar auf Flachdächern und auf Firsten von Friesenhäusern. Beide Partner brüten und betreuen die Jungen. Diese sind nicht – wie die Jungen der anderen Watvögel – echte Nestflüchter, die sich alleine

ernähren. Die jungen Austernfischer werden von den Eltern geführt und ihnen wird die Nahrung vorgelegt. Weil Austernfischer als schneidige Verteidiger ihrer Brut kaum Feinde haben, liegt das einfache Nest mit den 3, manchmal auch 4 Eiern ganz offen am Boden.
Außerhalb der Brutzeit versammeln sich Austernfischer in großen Scharen und halten auch bis zu einem gewissen Grad Eiswinter im Wattenmeer aus.

Säbelschnäbler

Ebenso groß wie der Austernfischer, aber mit vorwiegend weißem Gefieder, mit schwarzem Kopf- und Nackenstreifen sowie mit schwarzen Flügelbändern ist der Säbelschnäbler *(Recurvirostra avosetta)*, kurz auch Säbler genannt. Der Säbler stochert aber nicht wie seine Verwandten im Boden nach Wattgetier, sondern schwingt seinen aufwärts gebogenen Schnabel im Flachwasser hin und her, um winzige Krebstiere sowie Muschel- und Fischlarven zu erbeuten. Er hat auch regelrechte Schwimmhäute zwischen den Zehen und kann deshalb – im Gegensatz zu anderen Watvögeln – gut schwimmen. Deutlich hebt sich der Säbler aus den Mengen der Küstenvögel auch durch seine weithin hörbaren Rufe »klüt-klüt-klüt« heraus. Mitte des 19. Jahrhunderts war der Säbler an der Küste selten geworden, wurde dann aber durch Küstenschutzmaßnahmen, der Eindeichung von Wattenbuchten zwecks Anlage von Speicherbecken mit lagunenartigen Landschaften, derart begünstigt, dass er – stark vermehrt – derzeit auch an Kleinstgewässern der Küstenmarschen an der Nordseeküste vorkommt.
Seine Vorliebe zur Wassernähe wird dem Säbler allerdings öfter zum Verhängnis. Bei Spring- und Sturmfluten geht alljährlich ein großer Teil der Bruten verloren.

Sandregenpfeifer

Im Gegensatz zu seinen beiden vorgenannten Watvogel-Verwandten ist der etwa amselgroße Sandregenpfeifer *(Charadrius hiaticula)* ganz unauffällig und löst sich durch sein Gefieder in der Umgebung seines Brutbiotopes optisch fast unsichtbar auf. Nur die weiße Brust mit dem ausgeprägten schwarzen Band markiert diesen Vogel mit dem erdbraunen Rückengefieder. Wegen dieses schwarzen Bandes wurde der Sandregenpfeifer früher »Halsbandregenpfeifer« genannt. Oft bemerkt man die Anwesenheit dieses Vogels erst, wenn er sein wehmütiges »büüip« hören lässt, und dann dauert es lange, ehe das Auge ihn im Durcheinander von Stein- oder Muschelgeröll entdeckt.

Ebenso unauffällig ist das Gelege mit den 4 hellgrauen, dunkel punktierten Eiern. Obwohl ganz offen liegend, fällt es im Geröll nicht auf. Gut getarnt sind auch die nestflüchtenden Jungen. Sandregenpfeifer veranstalten zur Ablenkung von Feinden bzw. Störenfrieden am Brutplatz ein merkwürdiges Manöver. Sie stellen sich flügellahm und verleiten zur Verfolgung, locken den Feind also auf diese Weise vom Nest weg, fliegen dann aber gesund und munter auf und kehren zum Brutplatz zurück. Als einziger einheimischer Watvogel brütet der Sandregenpfeifer zweimal im Jahr, im April und Juni.

Rotschenkel

Ein braun gesprenkeltes, gut tarnendes Gefieder machen den Rotschenkel *(Tringa totanus)* im Wiesengras nahezu unsichtbar. Aber er sitzt auch gerne auf Koppelpfählen und zeigt nun seine roten Beine und seinen roten Schnabel mit schwarzer Spitze.

Rotschenkel sind über alle Feuchtgebiete Europas verbreitet, aber nirgendwo treten sie so häufig auf wie an der Küste, wo sie in den Marschen und auf den Salzwiesen Brutplätze finden. Charakteristisch für die Küstenlandschaft ist im Frühjahr das melodische »tüü-tüü-tüü« der balzenden Männchen. Das Gelege mit 4 Eiern liegt aber nicht, wie bei den meisten Watvogelarten, offen am Boden, sondern gut versteckt unter Gräsern.

Uferschnepfe

Kennzeichnend für die Uferschnepfe *(Limosa limosa)*, die etwa so groß ist wie der Austernfischer, ist das überwiegend rostbraune Gefieder des Männchens in der Brutzeit, während das Weibchen ein hellbraunes Federkleid trägt. Auffallend ist auch die breite, schwarze Schwanzbinde, die besonders im Flugbild sichtbar wird.

Die durchdringenden Warnrufe »gritta-gritta« gaben diesem Vogel auch den Namen »Greta«. Im Brutrevier in den Küstenmarschen sitzen Uferschnepfen gerne auf Koppelpfählen, während ihre Jungen als Nestflüchter im Wiesengras selbstständig auf Nahrungssuche unterwegs sind. Im Wattenmeer halten sich Uferschnepfen seltener und während der Zugzeit nur in kleinen Trupps auf.

Großer Brachvogel

Trotz seines schlichtbraunen Gefieders wirkt der Große Brachvogel *(Numenius arquata)* mit seinem mächtigen Stocherschnabel und seinen fast behäbigen Bewegungen wie eine majestätische Vogelgestalt.

Besonders eindrucksvoll sind auch die melodischen Triller, die der Große Brachvogel am Brutplatz, aber auch auf dem Zuge aus der Luft und im Wattenmeer hören lässt. Als Brutvogel kommt diese Art nur mit wenigen Paaren in den Dünen der nord- und ostfriesischen Inseln vor, ist aber häufig und fast ganzjährig im Wattenmeer und auf küstennahen Wiesen zu sehen, wo er mit seinem langen Schnabel nach Bodengetier stochert.

Knutt

Zu den häufigsten Watvögeln an deutschen Küsten, insbesondere im Wattenmeer, gehört diese starengroße Art, die auf dem Zuge im Frühjahr in »wolkenartigen« Scharen zu Zehn- und Hunderttausenden auftritt. Bei Ebbe sind Knutts *(Calidris canutus)* – wie alle anderen Watvögel – im Wattenmeer auf Nahrungssuche. Aber vor der Flut eilen sie zum Lande und versammeln sich zu immer größer werdenden Vogel»wolken«, die in eindrucksvollen Flugspielen auf- und absteigen, einmal die helle Bauchseite und dann, in Sekunden schwenkend, ihren dunklen Rücken präsentieren, sodass aus einer weißen Wolke plötzlich eine schwarze wird. So geht es im April und Mai mit Ebbe und Flut hin und

her, ehe sie – inzwischen im rostroten Kopf-, Brust- und Bauchgefieder – zu ihren Brutplätzen auf Spitzbergen und in Nordsibirien eilen.
Der Rückzug beginnt bereits im Hochsommer und dauert bis weit in den Herbst hinein, doch ziehen die Knutts jetzt in viel kleineren Trupps und vereinzelt. Einige bleiben im grauen Schlichtkleid auch im Winter an unserer heimischen Küste und können dann beobachtet werden.

Alpenstrandläufer

Der Alpenstrandläufer *(Calidris alpina)* ähnelt in Gestalt und Größe dem Knutt, hat aber ein graues Gefieder und trägt in der Brutzeit einen schwarzen Bauchfleck. Auch er tritt im April/Mai im Wattenmeer in großen Scharen auf, oft in Gesellschaft mit Knutts, und zieht anschließend in seine nordischen Brutgebiete. Einzelne Alpenstrandläufer brüten aber auch an deutschen Küsten.

Sanderling

Der nur lerchengroße Sanderling *(Calidris alba)* fällt den Küstenbesuchern bzw. Strandwanderern am ehesten auf durch sein Hin- und Herlaufen vor den auf- und ablaufenden Wellen. Dabei rasen die Beine so schnell, dass man sie kaum noch sehen kann.
Der Sanderling pickt aus dem Wellenauflauf winziges Getier, vor allem Flohkrebse. Die Brutplätze dieses Winzlings liegen in der hocharktischen Tundra.

Erlebnistipp: Wenn Vögel Federn lassen

Im Flutsaum des Strandes, auf Wiesen am Watt sowie an Wasserkuhlen in den Küstenmarschen sind zu gewissen Jahreszeiten Mengen von Vogelfedern zu finden. Sie stammen von mausernden Küstenvögeln, die ihr Federkleid erneuern. Insbesondere Möwen versammeln sich zur Mauser auf ufernahem Gelände – wobei es früher hieß, dass sie sich vor einem baldigen Sturm an Land geflüchtet haben.

Am eindrucksvollsten ist aber die Versammlung der Brandgänse zwischen Juli und September auf Wattenflächen vor Elbe und Weser. Hier konzentriert sich der größte Teil der nordwesteuropäischen Brandgans-Population mit über hunderttausend Tieren. Bekanntlich verlieren Enten und Gänse zur Mauser mit einem Schlag alle Schwungfedern und sind geraume Zeit völlig flugunfähig. Wegen ihrer totalen Flugbehinderung sind die Vögel gegen Störungen sehr empfindlich und extrem scheu, mit einer Fluchtdistanz von bis zu 300 m. Kaum weniger eindrucksvoll sind die Mengen der mausernden Eiderenten, die sich aus Nordosteuropa kommend im schleswig-holsteinischen Wattenmeer und auf der angrenzenden Nordsee nach der Brutzeit versammeln.

Wasservögel können sich in der Sicherheit des Wassers eine monatelange Flugunfähigkeit leisten. Landvögel aber sind auf ihre Flugfähigkeit angewiesen und mausern ihre Schwungfedern nach und nach, wie z. B. die Möwen. Wenn die innerste Feder der Handschwinge abgeworfen ist, fällt die nächste erst, wenn als Ersatz die neue Feder halb herausgewachsen ist.

Nicht nur Hand-, Arm- und Schwanzfedern werden nach einem bestimmten Schema gemausert, sondern auch das übrige Kleingefieder. Ebenso prägnant sind die Gefiederwechsel von Ruhe- und Brutkleidern sowie die Stadien der Jugendkleider.

Mauserplatz von Möwen.

Vogelfedern

Silbermöwe

Silbermöwen gehören zu den häufigsten Küstenvögeln und entsprechend oft sind Federn zu finden. Das Bild zeigt die Schwungfedern sowie die rein weißen Schwanzfedern dahinter. Typisch für die Schwungfedern ist der auffällige Schwarz-Hellgrau-Kontrast, wobei die äußerste Spitze der Feder meist weiß ist.

Junge Silbermöwe

Junge Großmöwen tragen in ihren ersten Lebensjahren ein braun gesprenkeltes Gefieder, das allerdings jedes Jahr heller wird. Als Letztes verschwinden im 4. Lebensjahr die braungrauen Flecken am Kopf. Das Foto zeigt die gefleckten Federn der Armschwingen.

Heringsmöwe

Die Flügeldecken der Heringsmöwe sind sehr dunkel, bei der westlichen Rasse Larus fuscus graellsii *schiefergrau, bei den östlichen und nördlichen Rassen fast schwarz. Nur die Mantelmöwe ist noch intensiver schwarz. Die weißen Flecken an den Federspitzen der Schwungfedern (siehe Foto) haben beide Arten.*

Austernfischer

Die meisten im Watt und am Strand herumwehenden weißen Federn stammen vom Kleingefieder dieses häufigen Küstenvogels. Die Schwungfedern (Foto) haben einen unterschiedlich großen Weißanteil, den man beim sitzenden Vogel allerdings nicht sieht. Die Federspitzen sind stets schwarz.

Brandgans

Brandgänse sind die buntesten Küstenvögel und entsprechend unterschiedlich sehen die verschiedenen Federn aus. Die weiß und dunkel kontrastierenden Flügelfedern (im Foto rechts) haben grünblau schillernde oder braune Teile, die Spitze des Schwanzes (links) ist schwarz.

Rotschenkel

Die Gefiederteile der Watvögel (Limikolen), die man auf dem Watt oder am Strande findet, sind nur sehr schwer zu unterscheiden, zumal bei etlichen Arten Brut- und Ruhekleid unterschiedlich gefärbt sind. Diese Federn des Rotschenkels zeichnen sich durch ihr auffälliges weiß-braunes Streifen- und Fleckenmuster aus.

Fische

Die salzhaltige Nordsee (Salzgehalt bis 3,5 %) gehört zu den an Fischen reichsten Meeren der Welt. Rund 60 Arten sind hier als Standfische zu finden. Hinzu kommen noch etwa 50 Arten als Wander- und Zufallsgäste oder als lokale Bewohner, wie der Katzenhai *(Scyliorhinus caniculus)* oder der Dornhai *(Squalus acanthias)* im Seebereich von Helgoland.
Andere, so Hornhechte oder Makrelen, treten im Sommer in Massen auf ihren Laich- und Wanderzügen in der Nordsee auf, während der Hering in verschiedenen Rassen Nordsee und Ostsee bevölkert. Auch für andere Fische, vor allem Plattfische, sind beide Meere die Kinderstube.
Kein Wunder, dass die Fischerei – sei es im Hauptberuf oder im Nebengewerbe – immer eine große Rolle gespielt hat, zeitweilig so intensiv, dass einige Nutzfischarten in ihrem Bestand gefährdet wurden oder sind und Fangquoten verordnet werden mussten, damit sich die Bestände – z. B. beim Hering – wieder erholen. Gegenwärtig gelten solche Quoten für einige Plattfischarten und für den Dorsch. Auch der Aal ist gefährdet!

Scholle

Kennzeichnend für diesen Plattfisch sind die goldroten Flecken (daher auch der Name Goldbutt) auf Rücken und Seitenflossen. Schollen *(Pleuronectes platessa)* können bis 50 Jahre alt und bis 1 m lang werden, doch halten sich derartige Exemplare nicht in den flachen Küstengewässern, sondern in den Tiefen des Atlantiks auf. Es gibt auch gewisse Unterschiede zwischen den Schollen in der Nordsee und jenen in der Ostsee.

Für die Fischerei spielen Schollen eine bedeutende Rolle. Die Fangmenge in der Nordsee betrug z. B. im Jahre 2002 über 70 000 Tonnen, 1989 waren es allerdings noch fast 170 000 Tonnen. Schollen laichen im Winter, in der Ostsee vor allem bei Bornholm, in der Nordsee in deren südwestlichen Gewässern. Die Menge der Eier schwankt zwischen 50 000 und 500 000, die frei im Wasser schwimmen. Nach 2–3 Wochen schlüpfen die Larven, die zunächst eine symmetrische Form haben. Nach einigen Monaten aber beginnt die Entwicklung zum Plattfisch. Das linke Auge wandert über die Oberkante des Kopfes und die Jungfische beginnen ihr Bodenleben mit der nach unten gekehrten linken Körperseite.

Flunder

Stößt man auf Plattfische in Flachwasserzonen oder bei Ebbe in Wattenprielen, handelt es sich überwiegend um die Flunder *(Platichthys flesus)*. Auch sie hat auf dem Rücken rostbraune Flecken, die jedoch kaum sichtbar sind. Im Übrigen fällt die Oberseite der Flunder durch ihre raue Oberfläche auf.
Diese Plattfischart verträgt auch noch Brackwasser, etwa im Bottnischen Meerbusen der Ostsee oder an Flussmündungen. Für das Gedeihen des Laichs ist allerdings ein Salzgehalt von mindestens 10 Promille nötig. Flundern sind vor allem nachts unterwegs und erbeuten Würmer, Kleinkrebse, kleinere Fische, aber auch Weichtiere.

Schollen und Flunder haben in der Nord- und Ostsee zahlreiche Verwandte, die aber in tieferem Wasser leben und nur durch die Fischerei zutage kommen. Dazu gehören die **Klische** *(Limanda limanda)* mit glattbraunem Rücken, der **Steinbutt** *(Psetta maxima)* mit rauem, stacheligem grünlichen Rücken, die **Seezunge** *(Solea solea)*, die in der Nordsee und westlichen Ostsee vorkommt und der wertvollste Speisefisch an deutschen Küsten ist (und im Restaurant auch der teuerste!), sowie weitere Arten.

Hering

Heringe *(Clupea harengus)* bevölkern in Massen den Nordatlantik und das Eismeer und ziehen während der Laichzeit im Frühjahr und Herbst in Scharen hinein in Nord- und Ostsee, wo sie in verschiedenen Rassen vorkommen.

Heringe, wegen ihrer Mengen früher als »Armeleutefisch« bekannt, sind heute in verschiedenster Zubereitung, geräuchert, gebraten und als »Matjes« eine Delikatesse. Die Ausrüstung der modernen Fischtrawler mit echometrischen Ortungsgeräten führte jedoch zu einem derartigen Raubbau, dass der frühere Massenfisch selten wurde und Fangverbote und Fangquoten verordnet werden mussten.

Heringe werden bis zu 40 cm lang und können ein Lebensalter von 25 Jahren erreichen. Zum Laichen suchen sie flachere Küstengewässer auf, wo die Weibchen bis zu 40 000 Eier legen. Ein naher Verwandter des Herings ist die **Sprotte** *(Sprattus sprattus)*, die aber nur um die 12 cm lang wird und geräuchert im Fischhandel angeboten wird.

Sandgrundel

Tritt man bei Ebbe an den Rand eines flachen Priels, flitzen dort gelb-braune, knapp fingerlange Fische hin und her – Sandgrundeln *(Pomatoschistus minutus)*, die sowohl in der Nord- als auch in der Ostsee im Flachwasser, aber auch in Tiefen bis zum Grund beider Meere leben.

Die Weibchen legen im Sommer ihre Eier gerne in leere Muschelschalen. Dort wird das Gelege vom Männchen befruchtet und bewacht, bis nach 9 Tagen die Jungen schlüpfen.

Erlebnistipp: Mit dem Krabbenkutter hinaus

Zum Bild der Küsten gehören Häfen mit Fischkuttern, kernigen, Netze flickenden Fischern und die maritime Atmosphäre des Hafenlebens. An der deutschen Nordseeküste wird dieses Bild vor allem von den Krabbenkuttern bestimmt, deren Flotten in den ostfriesischen Sielhäfen (Greetsiel, Norddeich, Neuharlingersiel u. a.) sowie an der schleswig-holsteinischen Westküste in Friedrichskoog, Büsum, Husum, Wyk auf Föhr, Pellworm und in Hallighäfen liegen.

Krabbenkutter an der Nordseeküste.

Sie fahren oft schon um Mitternacht oder in den frühen Morgenstunden hinaus, schwenken ihre Kurren aus und ziehen diese über den Nordseeboden, wo die Nordseegarnelen aus dem Boden aufgescheucht in dem Netzbeutel landen. Nach stundenlangem Zug wird der erste »Hol« gemacht. Begleitet von Möwenscharen werden die Kurrbäume gehoben, der »Steert«, der Netzbeutel an Deck geholt und über eine Sortiermaschine ausgeleert. Während dann beiderseits der Bordwände die Kurren wieder zu Grunde gleiten und die Kutter wieder langsame Fahrt aufnehmen, erfolgt die Sortierung des ersten Fanges, der anschließend gleich in einem großen Kessel gekocht wird, wodurch die kleinen, graubraunen Krebse ihre rötliche Farbe erhalten. So geht es Hol um Hol, ehe die Kutter mit hochgezogenen Netzen zum Heimathafen zurücktuckern, um ihren Fang anzulanden.

Kurgäste und Küstenbewohner warten schon auf die Kutter und kaufen tütenweise Garnelen zum Selbstauspulen, was zunächst einige Übung erfordert. Größere Fangmengen werden mittels Kühllaster zum Auspulen bis nach Marokko (!) befördert, doch werden neuerdings auch funktionsfähige Auspulmaschinen konstruiert.

Garnelen kommen auch in der Ostsee vor, doch werden sie hier nicht gefischt. Hier dominieren Kutter, die Dorsche und Plattfische fangen.

Seeskorpion

Kennzeichnend für den etwa 20 cm langen Seeskorpion *(Acanthocottus scorpius)* sind der große, dornige Kopf und die großen Rücken- und Seitenflossen. Die spitzen Flossenstacheln sind entgegen verbreiteter Angst nicht giftig, können aber Verletzungen und Entzündungen hervorrufen. Das relativ große Maul verrät, dass Seeskorpione Allesfresser sind.

Während der Laichzeit färbt sich der Bauch des Männchens rot, mit weißen Flecken. Der klumpenweise auf dem Boden deponierte Laich wird vom Männchen bis zum Schlüpfen bewacht. Seeskorpione bevölkern die Nordsee und sind auch in den Prielen des Wattenmeeres zu finden.

Sandaal

Der Sandaal *(Ammodytes lancea)* ist auch als **Tobiasfisch** bekannt, erreicht eine Länge von bis zu 20 cm und kommt in der Nordsee und Ostsee vor. Oft ziehen Sandaale in großen Schwärmen umher und locken dann Beutegreifer, Möwen und Seeschwalben aus der Luft, Makrelen und andere Raubfische aus der Tiefe an.

Auch für die menschliche Ernährung wurden sie früher genutzt. Die im Sande vergrabenen Fische holte man im Flachwasser der Küste mit einem harkenähnlichen Gerät aus dem Boden.

Seesterne und Seeigel

Trotz unterschiedlicher Körperformen gehören die zahlreichen Arten der Seesterne und Seeigel zur gleichen Tiergruppe – den Stachelhäutern. Am artenreichsten ist dieser Tierstamm, zu dem auch Gruppen wie Seelilien und Seewalzen gehören, in den großen Ozeanen vertreten.

Gewöhnlicher Seestern

Der Seestern *(Asterias rubens)* ist der bekannteste Vertreter der Stachelhäuter und geradezu ein Symboltier für die Nordsee und westliche Ostsee. Er lebt von der Niedrigwasserlinie an bis in Tiefen von über 100 m. Die 5 Arme des roten bis violetten Panzers sind mit Reihen kleinster Stacheln besetzt. Das eigentliche Tier unter dem Panzer besteht im Wesentlichen aus dem Magen und den Reihen der Saugfüßchen in den Armen. Diese Saugfüßchen dienen der zeitlupenartigen Fortbewegung und dem Einfangen der Beute. Der Gewöhnliche Seestern lebt als »Beutegreifer« vor allem von Miesmuscheln, deren Schalen er zunächst mit seinen Armen umschließt, um sie dann nach stundenlangem Zug zu öffnen. Anschließend wird der Weichkör-

per der Muschel mit dem ausstülpbaren Magen des Seesternes aufgesaugt. Seesterne vermehren sich getrennt geschlechtlich durch das zeitgleiche Ausstoßen von Eiern oder Samen, sodass die Eier im Wasser befruchtet werden.

Sonnenstern

Der Sonnenstern *(Solaster papposus)* hat bis zu 15 Arme und kann einen Durchmesser bis zu 20 cm erreichen. In der Nordsee lebt er in Tiefen ab 10 m auf steinigem Boden – vor allem im Bereich von Helgoland. Dieser Lebensraum bedingt, dass Sonnensterne nur ganz selten am Strande zu finden sind.
Wie der Gewöhnliche Seestern ist auch diese Art ein Raubtier und ernährt sich vor allem von jungen Seesternen sowie von Muscheln bis zur Größe der Auster, aber auch von Polypentieren. Anders als der Gewöhnliche Seestern kann der Sonnenstern seinen Magen aber nicht ausstülpen, sondern muss die Beute zum Munde ziehen. Die vom Weibchen im Frühjahr ausgestoßenen Eier (mehrere Tausend) entwickeln sich zu tonnenförmigen Larven, die aber bereits nach wenigen frei schwimmenden Tagen zum Bodenleben übergehen.

Schlangenstern

Der Schlangenstern *(Ophiura texturata)* mit seinem kreisrunden Körper und den dünnen Armen ist an der Nordseeküste vom Flachwasser bis in die tiefsten Meeresgründe zu finden. Die Arme brechen leicht ab, wachsen aber wie bei den anderen Seesternen wieder nach. Mit den kleinen Füßchen im Arm wird Nahrung, Plankton und Mikroorganismen, aufgetupft und zum Munde geleitet, aber auch Muscheln werden verzehrt.

Strandigel

Vom Strandigel *(Psammechinus miliaris)* findet man am ehesten das grüne, leere und stachellose Gehäuse des längst gestorbenen Tieres und bewundert die exakten Reihen der »Nadelköpfe«, auf denen beim lebenden Tier die Stacheln saßen. Diese Stacheln kann der Strandigel bewegen, sodass eine langsame Fortbewegung möglich ist, wozu auch eine Vielzahl von Saugfüßchen dient, mit deren Hilfe der Strandigel auch an Algen und Steinen oder Schiffswracks hochklettern kann. Seine Hauptnahrung sind Algen, die er mit seinem Kauapparat abnagt. Er kann aber auch Herzmuscheln anbohren und fressen.

Strandigel leben von der Niedrigwasserlinie an bis in tiefere Zonen (maximal 100 m Tiefe) der Nordsee. Die Vermehrung erfolgt durch das gleichzeitige Ausstoßen von Eiern und Samen der weiblichen und männlichen Tiere. Das Lebensalter beträgt etwa 6 Jahre.

Essbarer Seeigel

Teile der Organe des Essbaren Seeigels *(Echinus esculentus)* gelten an man-

chen Küsten als Delikatesse und gaben diesem Stachelhäuter den eigenartigen, auch in anderen Ländern üblichen Namen. Das violette Gehäuse erreicht einen Durchmesser von etwa 10 cm und trägt ein dichteres, aber kürzeres Stachelkleid wie beim Strandigel.
Der Essbare Seeigel ist Allesfresser, lebt aber vorwiegend von Algen. In der Regel frisst ein Tier ununterbrochen einige Tage und hält dann eine längere Ruhepause. In tieferem Wasser lebend, wird diese Art fast nie am Strande gefunden.

Herzigel

Nach Sturmfluten werden manchmal Hunderte und mehr Gehäuse des

Herzigels *(Echinocardium cordatum)* an den Nordseestrand geworfen – weiße, zerbrechliche Gebilde, von denen fast alle Stacheln durch das Hin und Her in den Wellen abrasiert sind. Irgendwo draußen im Watt- und Meeresboden wurde eine Kolonie – bis zu 20 Tiere pro Quadratmeter – freigespült und durch Strömung und Brandung zur Küste verfrachtet.
In lebendem Zustand trägt der Herzigel ein dichtes, fast pelzartiges Stachelkleid und wird auch **Seemaus** genannt. Anders als seine vorgenannten Verwandten haust diese Art im Boden und hält über einen Saugfaden Verbindung zur Oberfläche und zum Flutwasser. Doch bleibt der Herzigel im Untergrund und arbeitet sich langsam durch den Watt- und Meeresboden, um darin seine Nahrung zu finden.

Muscheln, Schnecken und Tintenfische

Muscheln sind wohl die bekanntesten Tiere am Strand und im Watt, wo sie von Naturfreunden gesammelt und als Andenken mit nach Hause genommen werden. Vorwiegend werden jedoch nur die Schalen der längst gestorbenen Tiere gefunden, denn etliche Muschelarten leben verborgen im Watt- und Meeresboden oder sonstigem Substrat, einige Arten sogar in Holz eingebohrt (Große Bohrmuschel, *Pholas dactylus*, und Pfahlwurm, *(Teredo navalis)*. Nur 2 einheimische Arten sind generell auf dem Boden zu finden. Miesmuschel und Auster sowie bedingt die Herzmuschel, die in ihrer Masse aber doch eher fingertief im Boden lebt, weil sie sonst zu stark von Silber- und anderen Großmöwen gefressen wird.

Angespülte Schwertmuscheln.

Alle anderen Arten leben mehr oder weniger tief im Boden, besonders tief die Schwertmuscheln und Sandklaffmuscheln, haben aber über Siphone Verbindung zur Oberfläche, um mit ihren Kiemenlamellen Sauerstoff und Nahrung aus der Flut zu filtern. Muscheln bestehen aus einem weichen Körper, der von 2 Schalen umschlossen wird. Die Schalen werden durch kräftige Schließmuskeln zusammengehalten. Fast alle Muschelarten stoßen zur Fortpflanzung Larven aus, die zunächst als Plankton im Meere treiben. Ein großer Teil der Larven wird allerdings an ungünstige Stellen vertrieben und geht zugrunde oder wird von anderen Tieren gefressen, auch von den zugehörigen Muscheln selbst, ehe die Jungmuscheln ihr Bodenleben beginnen.

Einige Muschelarten sind Zwitter und befruchten sich gegenseitig, andere Arten sind getrenntgeschlechtlich und stoßen Eier und Samen aus, die sich im Wasser befruchten.

Etliche Muschelarten, vor allem Austern und Miesmuscheln, gebietsweise auch Herzmuscheln, werden seit der Steinzeit, also seit mindestens 5000 Jahren, als Nahrung genutzt: gesam-

Flutsaumfunde

Strandigel-Gehäuse

Wie ein Wunderwerk der Natur erscheint das stachellose, im Durchmesser knapp 5 cm große Gehäuse des Strandigels mit den exakten Reihen der Kugelköpfe, an denen beim lebenden Tier die beweglichen Stacheln saßen.

Wellhornschnecke, Eiballen

Die faustgroßen Eiballen werden im Februar/März auf den Meeresboden geheftet, sind aber ganzjährig vertrocknet am Strand zu finden. In jeder der erbsengroßen Eiblasen befanden sich bis zu 2000 Eier, von denen jedoch nur etwa 10 befruchtet waren.

Schulpe des Tintenfisches

Die kalkigen, etwa 20 cm lange Schulpe, die vor allem nach Sturmfluten von weither antreiben, bildeten einmal ein verstärkendes, stabilisierendes Element im Rücken des Tintenfisches. Sepia-Schulpe sind bei Käfigvögeln zum Schnabelwetzen beliebt!

Muscheln, Schnecken und Tintenfische

Rochen-Eikapseln

Die etwa 8 cm lange und bis zu 5 cm breite Eikapsel mit den 4 langen Spitzen ist schwarz vertrocknet ganzjährig im Flutsaum zu finden. Im Herbst frisch abgelegt, sind die ungewöhnlichen Eier weich und dunkelbraun und enthalten einen Embryo.

Dreikantwurm-Gehäuse

Auf Treibgut aller Art, auf Muschelschalen und Brückendalben haben sich Dreikantwürmer mit einem Gespinst kalkartiger Röhren angesiedelt. Von der Brandung auf den Strand geworfen, sind die darin hausenden Tiere aber bald gestorben und vertrocknet.

Eier des Blattwurmes

Seltsame grüne, wie Weintrauben wirkende Gebilde liegen im zeitigen Frühjahr bei Ebbe verstreut auf dem Wattboden und in Pfützen – die Laichballen des Blattwurmes (Anaitides maculata), *die mit einem wurzelartigen Faden am Boden befestigt sind.*

Muscheln und Schnecken

Miesmuschel, Seite 73

Tellmuschel, Seite 76

Pazifische Auster, Seite 75

Gestutzte Sandklaffmuschel, Seite 77

Herzmuschel, Seite 75

Große Bohrmuschel, Seite 77

Muscheln, Schnecken und Tintenfische 71

Amerikanische Schwertmuschel, S. 78

Wellhornschnecke, Seite 79

Stumpfe Strandschnecke, Seite 78

Pantoffelschnecken, Seite 80

Wattschnecke, Seite 79

Käferschnecke, Seite 80

melt von den Küstenbewohnern oder regelrecht durch Muschelfischer oder in Zuchtanlagen bewirtschaftet. Wie die Muscheln, die mit etwa 80 Arten an deutschen Küsten vertreten sind, gehören auch die **Schnecken** zur großen Gruppe der Weichtiere oder Mollusken, die weltweit mit über 100 000 Arten vorkommen. Die kleinste, die Wattschnecke, erreicht nur eine Größe, eher Kleinheit, von wenigen Millimetern, sodass sie von Strandwanderern in der Regel für groben Sand gehalten wird. Augenfälliger sind dagegen die Strandschnecken, die in der Uferzone alle hier vorhandenen Festkörper besiedeln. Die größte Schneckenart an deutschen Küsten, der Nordsee und der westlichen Ostsee ist die Wellhornschnecke, die weniger zahlreich ist, aber deren faustgroße Eiballen regelmäßig im Flutsaum des Strandes zu finden sind.

Die Gehäuse der Meeresschnecke bestehen aus einer spiralenförmig gewundenen Schale, deren Mündungsöffnung sich durch eine hornige Fußplatte verschließen lässt, wenn das Tier ruht oder sich bei Gefahr (Möwen- oder Austernfischerfraß) zurückzieht. Schnecken kriechen mit Hilfe ihres Fußes umher, um Algen zu weiden. Einige Arten fressen auch Aas.

Zur Gruppe der Schnecken gehören auch zahlreiche weitere Arten mit oft eigenartiger Körperform, die vorwiegend im Algen-Tang-Bereich der Nord- und Ostseeküste vorkommen, aber fast nie im Flutsaum des Strandes zu finden sind. Es sind Hinterkiemen- bzw. Meeresnacktschnecken ohne Gehäuse, aber von oft tropischer Farbenfreudigkeit mit bunten Rückenanhängseln.

Zur großen Gruppe der Weichtiere zählen neben Muscheln und Schnecken auch die Kopffüßer oder **Tintenfische**. Der Gewöhnliche Tintenfisch ist sehr selten im Flutsaum des Nordseestrandes zu finden, aber sein Schulp wird regelmäßig angespült. Ganz selten wird auch der Krake *(Octopus vulgaris)* in Fischernetzen oder in Reusenanlagen gefangen.

Miesmuschel

Die blauen bis schwarzen Schalen dieser Muschel – innen mit Perlmutt ausgekleidet – gehören zu den häufigsten Flutsaumfunden an Nord- und Ostsee. Auch auf Wattenwanderungen ist die Miesmuschel *(Mytilus edulis)* eine regelmäßige Erscheinung, da sie oberirdisch lebt, sei es durch Byssusfäden zusammengesponnen in Klumpen oder auf ausgedehnten, bis zu fußballfeldgroßen Bänken, dicht an dicht.

Die Miesmuschel spielte schon in der Stein- und Bronzezeit für die Ernährung der Küstenbevölkerung eine beachtliche Rolle, wird aber auch in der Gegenwart von der Muschelfischerei bewirtschaftet, die sowohl natürliche als auch künstlich angelegte Bänke befischt. Lastwagenweise werden diese delikaten Mollusken in das Binnenland verfrachtet und erscheinen hier vor allem in den Monaten mit »r« (September bis April) auf den Speisekarten. Allerdings verträgt nicht jeder den hohen Eiweißgehalt dieser Meerestiere.

Auch für etliche Seevögel spielen Miesmuscheln als Nahrung eine große Rolle, insbesondere für Eiderenten. Die Natur fordert diesen Weichtieren eine erhebliche Fähigkeit zur Anpassung ab, insbesondere dort, wo die Bänke über der Niedrigwasserlinie liegen. Hier müssen die bei Ebbe fest verschlossenen Muscheln sowohl die Hitze von Sommertagen als auch strengen Frost im Winter aushalten. Während der Flut öffnen sich die

Schalen und nun filtert die Miesmuschel stündlich bis zu 3 Liter Wasser, um daraus winzige Nahrungsstoffe – darunter allerdings auch den eigenen, im Frühsommer ausgestoßenen Laich – einzufangen. Bis zu 12 Millionen Eier stößt ein Weibchen aus. Sie werden von den ebenfalls ausgestoßenen Samen der Männchen im Wasser befruchtet.

Europäische Auster

Die handtellergroßen, rauschichtigen Schalen der Europäischen Auster *(Ostrea edulis)* am Strand und auf dem Wattboden an der Nordseeküste können immer noch gefunden werden, die Art gilt aber bis auf wenige Restvorkommen als ausgestorben. Fraglich ist, ob durch übermäßige Austernfischerei in früheren Jahrhun-

Erlebnistipp: Delikatessen vom Meeresgrund

Austernzucht an Stangen in Metallkästen.

Austern und Miesmuscheln sind die einzigen einheimischen Muschelarten, die oberirdisch leben und auf dem Watt und in den Flachzonen der Nordsee mehr oder weniger ausgedehnte Bänke bilden. Und beide Arten werden seit jeher an der Küste als Nahrungsmittel genutzt, wie mächtige Schichten von Muschelschalen an vorgeschichtlichen Siedlungsplätzen beweisen. Seit dem Mittelalter aber mussten sich die Küstenbewohner Austern »stehlen«, weil die Landesherrschaft diese als »Regal« für ihre Tafeln am Hofe beanspruchte. Küstenschiffer mussten die Austern gegen geringen Lohn im Auftrage von Königen und Fürsten fischen.

Ende des 19., Anfang des 20. Jahrhunderts aber wurde die einheimische Auster bis auf Reste ausgerottet und die Austernfischerei kam zum Erliegen.

Erst gegen Ende des 20. Jahrhunderts kam es zur Neubesiedlung der Nordseeküste, und zwar aus Zuchtanlagen an holländischen Küsten und im nordfriesischen Wattenmeer. Es handelt sich hier aber um die Pazifische Auster, die zu Millionen in der Sylter Blidselbucht gezüchtet und auf den Markt gebracht wird.

Auch die Miesmuschel war für die Küstenbevölkerung seit der Steinzeit ein wichtiges Nahrungsmittel. Die kommerzielle Nutzung datiert aber erst seit den 1930/40er-Jahren, als ein auf die Insel Föhr gezogener Holländer systematisch Miesmuscheln zu fischen begann. Und erst in den letzten Jahrzehnten des 20. Jahrhunderts wurde diese Muschel als »Delikatesse« anerkannt und wird nun in großem Stile – bis zu 200 000 Tonnen jährlich – aus dem Wattenmeer geerntet, wobei seitens der Muschelfirmen eine regelrechte Aussaat auf Kulturbänken betrieben wird.

derten oder durch Klimaänderungen. Versuche, mittels Saataustern die Bänke wieder zu beleben oder Austernzucht in Salzwasserbassins zu betreiben, hatten bisher keinen dauernden Erfolg.

Neuerdings breitet sich an der Nordseeküste eine andere Austernart aus, die **Pazifische Auster** *(Crassostrea gigas)*, die in umfangreichen Zuchtanlagen im Watt bei Sylt und Holland für die Speisekarten von Restaurants gezüchtet wird. Laich aus diesen Anlagen ist entkommen, und die Art hat sich inzwischen an der gesamten Nordseeküste angesiedelt (Foto S. 70).

Herzmuschel

Neben der Miesmuschel gehören Herzmuscheln *(Cardium edule)* zu den häufigsten an der Nordseeküste und in der westlichen Ostsee. Sie leben vereinzelt auch oberirdisch, doch gräbt sich das Millionenheer dieser Tiere lieber knapp fingertief ein, weil sie sonst zu stark von Großmöwen dezimiert werden.

Wie Miesmuscheln gelten auch Herzmuscheln in manchen Ländern als Delikatesse und werden gefischt, d. h. mit Hilfe eines Sauggerätes aus dem Boden gesaugt, wobei auch alle anderen Tiere vernichtet werden. An deutschen Küsten wurde die Herzmuschelfischerei deshalb verboten.

Die im Boden lebende Muscheln strecken zwei getrennte Siphone zur Oberfläche, um zur Flutzeit nach Nahrung zu filtern. Die in der Ostsee vorkommenden Herzmuscheln werden immer kleiner, je geringer der Salzgehalt wird.

Plattmuschel

Auch die daumennagelgroße Plattmuschel *(Macoma baltica)* gehört zu den häufigen Arten an den Nordsee-

küste, wo ihre roten (Rote Bohne), gelben, blauen und weißen Schalen oft wie ein buntes Mosaik den Strand bedecken. Plattmuscheln leben im Ebbewatt, aber auch noch in Wassertiefen von 15 m, in der Ostsee noch tiefer, weil mit der Wassertiefe der Salzgehalt steigt. Sie stecken etwa fingertief im Boden, haben aber einen Siphon zur Oberfläche, um sich mit Sauerstoff und Nahrung zu versorgen. Ähnliche Arten sind die **Tellmuschel** *(Tellina tenuis)* mit ebenfalls variablen Farben, aber spitzerem Klappenhinterende (Foto S. 70) sowie die größere, meist weiße **Pfeffermuschel** *(Scrobicularia plana)* mit dunklen Bändern.

Sandklaffmuschel

Wattenwanderer müssen aufpassen, dass sie mit ihren Barfüßen nicht an eine in Prielen oder an Prielrändern aufrecht stehende Schale einer abgestorbenen Klaffmuschel *(Mya arenaria)* geraten und tiefe Schnittverletzungen erleiden. Diese Art gehört mit einer Länge bis 15 cm zu den größten an Nord- und Ostseeküste.

Bis zu 30 cm tief lebt die Sandklaffmuschel im Boden, streckt aber einen kräftigen Siphon zur Oberfläche, um sich mit Sauerstoff und Nahrung zu versorgen. Nicht selten spritzt sie – gestört durch Wattenwanderer – das Restwasser durch das ruckartige

Zurückziehen dieses Siphones als kleine Fontäne aus dem Wattboden und wird deshalb auch »Pisser« genannt. In früheren Jahrhunderten, aber auch in Notzeiten während der Weltkriege, wurden diese Muscheln mühsam ausgegraben und lieferten eine wertvolle Nahrung.

Eine verwandte, aber sehr viel kleinere Art ist die **Gestutzte Sandklaffmuschel** *(Mya truncata)* mit einer fast geraden oberen Schalenkante (Foto S. 70). Sie lebt unter der Niedrigwasserlinie in Nord- und Ostsee und ist viel seltener am Strande zu finden wie ihre große Verwandte.

Amerikanische Bohrmuschel

Wie andere Muscheln und Schnecken ist auch – der Name sagt es – die Amerikanische Bohrmuschel *(Petricola pholadiformis)* um 1900 aus Nordamerika in die Nordsee eingeschleppt worden und heute regelmäßig am Strande zu finden. Wegen ihrer Form wird sie auch »Engelsflügel« genannt. Mit den Raspeln ihrer Vorderschalen kann sich diese Muschel in festen Boden (Torf, Klei, Kreide) einbohren und hält über einen Siphon aus der Höhle heraus mit dem Wasser Verbindung.

Zu den weiteren Vertretern der Bohrmuscheln gehört die **Große Bohrmuschel** *(Pholas dactylus),* die bis zu 12 cm lang wird und am spitz zulaufenden Vorderende zu erkennen ist, aber nur selten im Flutsaum des Strandes gefunden wird (siehe Foto S. 70).

Amerikanische Schwertmuschel

Wie die vorherige Art, so ist auch die Amerikanische Schwertmuschel *(Ensis directus)* um 1980 aus Amerika in die Nordsee gelangt – vermutlich in Form von Laich im Ballastwasser von Frachtschiffen. Sie hat sich in kurzer Zeit enorm vermehrt, sodass sie heute zu den häufigsten und wegen ihrer langgestreckten Form auch zu den auffälligsten am Nordseestrand gehört. Zur Verbreitung und Vermehrung hat sicherlich auch der Umstand beigetragen, dass die Amerikanische Schwertmuschel unter der Niedrigwasserlinie Sandboden besiedelt, der kaum von anderen Tierarten in Anspruch genommen wird, sodass sie ohne Konkurrenz heranwachsen kann.

Die einheimische **Schwertmuschel** *(Ensis ensis)* ist sehr selten, ebenso die anderen Arten der Schwert- und Scheidenmuscheln.

Strandschnecke

Die daumennagelgroße Strandschnecke *(Littorina littorea)* gehört an der Nordsee zu den auffälligsten Küstenschnecken. Auf nahezu allen festen Gegenständen (Buhnen, Brücken, Steinen, Uferschutzwerken oder bei Ebbe trocken liegenden Booten) ist sie in Mengen zu finden. Bei Ebbe heften sich die Tiere fest, um auf die nächste Flut zu warten. Etliche sind aber auch dann unterwegs und hinterlassen lange Schleifspuren im Sand und im Schlick.

Die Strandschnecke und die verwandte **Stumpfe Strandschnecke** (*Littorina obtusata;* Foto S. 71) leben von Algen, die sie mit einer Raspelzunge abweiden, nagen aber auch an toten Fischen und sonstigem Aas. Aus den im Frühjahr abgelegten Eikapseln schlüpfen nach 3 Wochen die Jungen und beginnen ihr Bodenleben.

Wattschnecke

Ungleich häufiger als die oben genannte Strandschnecke ist die Wattschnecke *(Hydrobia ulvae)*, die aber mit 2–3 mm Größe von Strand- und Wattenwanderern in den Uferzonen kaum wahrgenommen, sondern für groben Sand gehalten wird.
Auf trockenfallenden Sand-Schlickwatten hinterlassen die Wattschnecken ein Gespinst von Spuren ihres Herumkriechens oder verraten durch winzige Löcher dicht an dicht, dass sie sich bei Ebbe in den Boden vergraben haben. Wattschnecken können mancherorts Siedlungsdichten von einigen 10 000 Tieren pro Quadratmeter auf-

weisen. Im tieferen Wasser kann die Dichte sogar bis zu 70 000 pro Quadratmeter erreichen. Wattschnecken dienen mancherlei Limikolen als Nahrung.

Wellhornschnecke

Hühnereigroß ist diese größte aller einheimischen Nordseeschnecken und fällt deshalb am Strande der Nordseeküste besonders auf, obwohl sie – verglichen mit den vorgenannten Arten – sehr viel seltener ist. Vor allem werden leere Gehäuse gefunden. Regelmäßig sind aber auch die faustgroßen Eiballen der Wellhornschnecke *(Buccinum undatum)* am Strande zu finden. Sie werden im Februar/März auf den Meeresboden geheftet. In jeder der erbsengroßen Kapseln des Ballens befinden sich um die 1000 Eier, von denen jedoch nur wenige befruchtet sind. Die übrigen dienen den geschlüpften Jungen zunächst als Nahrung, ehe diese die Kapseln verlassen. Die angetriebenen Eiballen halten sich

sehr lange und gehören deshalb das ganze Jahr zu den Flutsaumfunden. Wellhornschnecken ernähren sich von Aas und haben einen gut entwickelten Geruchssinn, der sie am Meeresboden zu ihrer Beute führt. Gelegentlich wagen sie sich mit der Flut über die Niedrigwasserlinie, verpassen die rechtzeitige Rückkehr bei Ebbe und graben sich ein. Trotzdem wird manche Wellhornschnecke von Möwen gefunden und ausgehackt.

Pantoffelschnecke

Pantoffelschnecken *(Crepidula fornicata)* gehören zu den unauffälligsten ihrer Art an der Nordseeküste. Das liegt daran, dass sich ihr Gehäuse auf Miesmuscheln, Wellhornschnecken und andere Festkörper heftet und mit diesen scheinbar verwächst. Die hier angesiedelte, purpur schimmernde Schnecke ist unbeweglich, baut aber über sich mit weiteren Gehäusen – bis zu 3–5 übereinander – eine Art Turm auf, der nach oben aber immer kleiner wird. Diese etagenartige Gemeinschaft ist Grundlage der Vermehrung. Jugendliche Pantoffelschnecken sind männlich, verwandeln sich aber später zu Weibchen, sodass eine Selbstbefruchtung stattfinden kann. Wie einige andere Muschel- und Schneckenarten hat auch diese Art ihren Weg von Nordamerika über den Atlantik nach Europa gefunden.

Käferschnecke

Wie die Pantoffelschnecke, so besiedelt auch die Käferschnecke *(Lepidochiton cinereus)* Muschelschalen und andere Festkörper und fällt durch ihre unscheinbare Gestalt kaum auf, zumal sie nur die Größe einer Kellerassel hat und dieser mit ihren quer liegenden Rückenpanzern verblüffend ähnelt. Bei Flut raspeln Käferschnecken Algen und Polypentierchen auf den von ihnen besiedelten Festkörpern ab, wobei sie sich entsprechend umherbewegen. Käferschnecken sind getrennt geschlechtlich. Die Männchen sondern Samenflüssigkeit ab, sobald ein Weibchen in der Nähe ist und Eier ausstößt.

Weitere Schneckenarten findet man nur bei einer intensiven Inspektion des Flutsaumes bzw. nach Durchschau des angespülten Muschel- und Schneckengerölls. Dazu gehören noch am ehesten die bis 3 cm große **Netzreusenschnecke** *(Nassa reticulata),* die gelbliche **Nabelschnecke** *(Natica catena)* oder der eigenartige **Pelikanfuß** *(Aporrhais pespelecani)* mit der zackigen Fußplatte.

Käferschnecke.

Gewöhnlicher Tintenfisch

Vom Tintenfisch *(Sepia officinalis)* findet man an Nordseestränden am ehesten die rund 20 cm langen, kalkigen Schulpe, die aus dem Rücken dieses Tieres stammen und das »Gerüst« bilden. Obwohl nicht die geringste Ähnlichkeit zu erkennen ist, gehört der Tintenfisch zu den Weichtieren. Unförmig wirkt am lebhaft gestreiften Rumpf der Kopf des Tintenfisches mit den 10 Armen, von denen 2 als halbmeterlange Fangarme entwickelt sind, mit Saugnäpfen am äußeren Ende zum Packen der Beute. In Scheiben geschnitten ergeben diese Fangarme Ringe, die als »Calamares« auf Speisekarten angeboten werden.

Der Tintenfisch kann sich bei Gefahr mit einer dunklen Flüssigkeit einnebeln. Der Beutefang auf Fische und Krebstiere wird in der Regel aus einer Lauerposition heraus betrieben. Unversehrte Tintenfische entdeckt man im ehesten als Beifang in Fischernetzen. Am Strande angespült werden sie ganz schnell von Möwen entdeckt und in kürzester Zeit zerhackt.

Krebse

Riesengroß ist auf der Welt die Familie der Krebstiere, von millimeterkleinen Flohkrebsen im Zooplankton bis hin zu den halbmetergroßen Palmendieben. Auch die in allen Häusern heimische Kellerassel gehört als Landkrebs dazu. An Nord- und Ostseeküste ist vor allem die Strandkrabbe bekannt. Sie wird tot im Flutsaum gefunden oder lässt sich im Sommerhalbjahr zwischen Buhnen und an Badestränden beobachten. Am häufigsten ist jedoch die Garnele, die sich im Flachwasser in Strandnähe oder in Prielen tummelt und an der Nordseeküste in Massen gefangen wird und als Delikatesse in den Handel kommt.

Zu den Krebstieren gehören aber auch die Schlickkrebse, die im Wattboden leben und in ihrer Millionenmasse bei Ebbe ein eigenartiges Knistern erzeugen. Ebenso zählen auch die Seepocken, die in Uferzonen Buhnen und sonstige Festkörper besiedelt haben, zu dieser Tierfamilie. Badende, die sich im warmen Wasser in Strandnähe aufhalten, werden nicht selten schmerzhaft gezwickt, erwischen den Übeltäter und staunen, dass ein kaum zentimeterlanger Flohkrebs so zubeißen kann. Allgemein bekannt, aber nur lokal vorkommend (Helgoland), sind die größten ihrer Art, der Taschenkrebs und der Hummer.

Strandkrabbe

Strandkrabben *(Carcinus maenas)* kommen im April aus der tieferen Nordsee zur Küste und krabbeln querlaufend zwischen Buhnen, Brücken und Tangbüscheln nahe der Uferzone umher. Im Watt bevölkern sie die Priele und eilen mit der Flut zur Küste, wo Kinder und Kurgäste sich oft den Spaß machen, Strandkrabben zu greifen. Zwar spreizen diese bedrohlich ihre Scheren und können schmerzhaft kneifen, aber von hinten gefasst, sind sei wehrlos und lassen sich betrachten.

Die Verpaarung erfolgt zeitgleich mit der alljährlichen Häutung, dem Wechsel des Panzers. Schon vorher klammert sich das Männchen unter dem

Weibchen fest, um den richtigen Zeitpunkt nicht zu verpassen. Die abgelegten und befruchteten Eier – bis zu 200 000 – werden vom Weibchen bis zum Schlüpfen unter dem breiten, eingeklappten Schwanz getragen.

Strandkrabben verzehren alles, was sie mit ihren Scheren packen und knacken können, auch Aas. Umgekehrt sind sie eine häufige Beute von Möwen, Austernfischern und Eiderenten sowie Robben.

Taschenkrebs

Taschenkrebse *(Cancer pagurus)* kommen vorwiegend bei Helgoland vor, wo sie im Verdacht stehen, die dortigen Hummer *(Homarus vulgaris)* zu dezimieren, selbst aber gefangen werden, um das Fleisch in den großen Scheren in Restaurants anzubieten. Andernorts tauchen Taschenkrebse nur gelegentlich auf, da sie Wassertiefen ab 20 m und steinigen Boden bevorzugen.

Schwimmkrabbe

Die Schwimmkrabbe *(Portunus holsatus)* gleicht der Strandkrabbe, unterscheidet sich von dieser aber durch das hinterste Beinpaar, das mit breiten Gliedern versehen ist und dieser Art das Auf- und Abschwimmen ermöglicht. Schwimmkrabben fehlen in der Ostsee, weil der Salzgehalt zu niedrig ist, sind aber auch an der Nordsee nur selten in Küstennähe zu finden. Am ehesten gehören sie noch zum Beifang von Fischkuttern.

Erlebnistipp: Leben im Schneckengehäuse

Einsiedlerkrebs im Wellhornschneckengehäuse.

Wenn man am Strande ein Schneckengehäuse findet, steckt manchmal ein Einsiedlerkrebs darin. Werfen Sie das Gehäuse ins Wasser zurück – um das Leben des kleinen Krebses zu retten, der das Schneckenhaus zu seiner Wohnung auserkoren hat.

Während alle anderen heimischen Meereskrebse vollständig durch Panzer geschützt sind, hat der Einsiedlerkrebs *(Pagurus bernhardus)* einen ungepanzerten, nur von einer weichen Haut umgebenen Hinterleib, den er durch Schneckengehäuse schützen muss. Der Hinterleib ist spiralförmig in den Schneckengang gerollt und am Ende mit einigen zurückgebildeten Beinen verankert. Weitere borstige Beinstümpfe tragen zur zusätzlichen Befestigung des Tieres im Schneckengang bei. Nur die vorderen Beine sind voll entwickelt, die Vordersten als Scheren. Von diesen Scheren ist die rechte viel breiter und länger als die linke. Doch wenn sich der Einsiedlerkrebs bei Gefahr zurückzieht, um den Zugang zum Gehäuse zu schließen, liegen die Scherenspitzen genau übereinander.

Im Laufe seines Lebens muss der Einsiedlerkrebs etliche Wohnungswechsel absolvieren, über die zunächst kleineren Schneckengehäuse der Strand- und Pantoffelschnecken bis hin zum Gehäuse der Wellhornschnecke, das er als erwachsenes Tier bewohnt. Selten aber ist er alleiniger Bewohner. Gerne siedeln sich Seepocken und Stachelpolypen auf dem Gehäuse an, die von den Mahlzeiten des Einsiedlerkrebses profitieren. Merkwürdigerweise findet aber im Schneckengang auch ein Borstenwurm *(Nereis fucata)* Unterschlupf und schlängelt sich um den Hinterleib des Einsiedlerkrebses, dem er nicht selten Nahrung raubt. Der Einsiedler lässt diesen Schmarotzer aber ohne eigenen Vorteil gewähren. Bei einigen anderen Einsiedlerkrebsarten ist die Symbiose mit Actinien, mit Seenelken und Seeanemonen bekannt.

Seespinne

Durch ihre überlangen Beine, die im Vergleich relativ kleinen Scheren sowie den dreieckigen Rückenpanzer unterscheiden sich Seespinnen *(Hyas araneus)* von ihren vorgenannten Verwandten. Sie sind im unmittelbaren Küstenbereich der Nordsee aber selten. Seespinnen setzen zwecks Tarnung gerne Algenbüschel auf ihren Panzer, der zudem oft mit Seepocken bewachsen ist Wegen ihrer bedächti-

gen Bewegungen können sie nur langsame Beute ergreifen, wozu u.a. Seesterne gehören.

Garnele

Dieser fingerlange Langschwanzkrebs trägt an der Nordseeküste etliche Namen. In Ostfriesland heißt er »Granat«, an der Küste von Dithmarschen (Büsum, Friedrichskoog) sagt man »Kraut«, und in Nordfriesland heißen dieselben Krebstiere »Porren«. Allgemein verbreitet ist aber der Name »Krabben«, ein aus biologischer Sicht falscher Name, da mit dem Wort Krabben kurzschwänzige Krebstiere bezeichnet werden.

Garnelen *(Crangon crangon)* tummeln sich in Mengen im Wattenmeer und in

den tieferen Wattenströmen und werden hier im Sommerhalbjahr in Mengen von Krabbenkuttern gefischt und gekocht in den Handel gebracht. Sie leben auf dem Meeresboden, ruhen fast unsichtbar im Sand, krabbeln Nahrung suchend umher und schnellen sich durch das Einschlagen ihres Schwanzes rückwärts davon.
Zwischen April und August laichen Garnelen dreimal, wobei das Weibchen die abgelegten punktgroßen Eier bis zum Schlüpfen zwischen ihren Beinen trägt. Die hohe Vermehrungsrate der Garnelen mit Zehntausenden von Eiern bedingt, dass die Art trotz der Fischerei nicht gefährdet ist. Allerdings können Fressfeinde, so z. B. die periodisch in Mengen auftauchenden Wittlinge *(Merlangius merlangus)* und andere Dorscharten, die Bestände zeitweilig stark dezimieren.

Schlickkrebs

Die bis knapp 2 cm lang werdenden Schlickkrebse *(Corophium volutator)* kommen in Sand-Schlickwatten in der ufernahen Gezeitenzone des Wattenmeeres an der Nordsee vor. Um sie zu entdecken, muss man ganz vorsichtig den Wattboden aufgraben, wo die U-förmigen, fingertiefen Röhren mit dem Krebs zu sehen sind. Auffallend sind die langen Fühler, mit denen der Krebs auf dem Meeres- bzw. Wattenboden aus seiner Röhre heraus nach Nahrung angelt. Dieses Herumkrabbeln und -grabbeln vereint sich als Folge des Massenvorkommens dieser Tiere mancherorts zu einem eigenartigen Flüstern und Wispern, das aus dem Wattboden aufsteigt. Schlickkrebse dienen zahlreichen Watvögeln als Nahrung und bedingen den Vogelreichtum im Watt.

Öko-Thema: Leben im Wattboden

Kieselalgen als bräunlichgrüner Belag auf dem Wattboden.

Es gibt Flächen im Wattenmeer, die pro Quadratmeter mit bis zu 100 000 Tieren besiedelt sind, wobei Schlickkrebse und Wattschnecken die größte Rolle spielen. Sie sind, zusammen mit Würmern und sonstigem Getier, die Nahrungsgrundlage für das Millionenheer der Seevögel und Fische bis hin zum Seehund, der am Ende der Nahrungskette steht. Wesentliche Ursache dieser »Fruchtbarkeit« sind die Kieselalgen (Diatomeen), winzige einzellige Algen, die nur einen hundertstel bis einen zehntel Millimeter groß werden und zu Millionen pro Quadratmeter Watt den Boden als schleimig-braunen Belag bedecken. Ebenfalls am Anfang vieler Nahrungsketten stehen Geißelalgen und Blaualgen.

Wattboden besteht weitgehend aus gelbem, festen Sand. Aber im Lee von Inseln und Buhnen, wo Strömung und Wellengang beruhigt werden, lagern sich die feineren Sedimente, Schluff, Silt und Ton ab und bilden die blaugraue Schlickzone, in der man als Wattenwanderer knietief versinkt und die man deshalb lieber meiden sollte. Zwischen den Schlick- und Sandwatten gibt es dann die Zonen des Mischwatts.

Es mag erstaunlich klingen, dass der an Tierleben so reiche Wattboden in einer gewissen Tiefe »giftig« bzw. ohne Sauerstoff ist. Ursache sind das vom Flutwasser herangetragene Eisenhydroxid und Sulfate, die von bestimmten Bakterien in deren Stoffwechsel genutzt werden, wobei sich Schwefelwasserstoff bildet, der am Schlickwatt einen fauligen Geruch verleiht. Alle Tiere, die im Wattboden leben, müssen deshalb zur Sauerstoffversorgung Kontakt mit der Oberfläche halten.

Sandhüpfer

Der knapp 2 cm lange Sandhüpfer *(Talitrus saltator)* gehört zusammen mit dem ähnlichen **Strandfloh** *(Orchestia gammarellus)* zur großen Familie der Flohkrebse mit über 200 Arten an der Nordseeküste. Flohkrebse beißen gerne Kurgäste, die im warmen Flachwasser baden, kommen aber auch an Land und verbergen sich unter mancherlei Treibgut im Flutsaum. Hebt man Holz oder Tangbüschel hoch, springen nicht selten Dutzende dieser Tiere in alle Richtungen davon.

Seepocken

Seepocken *(Balanus balanoides)* leben in unzähligen Arten in den Uferzonen fast aller Weltmeere, wo sie Muscheln und Schneckengehäuse, die Panzer von Krebstieren, vor allem aber Brückendalben, Buhnen und Küstenschutzwerke besiedeln – bis an die oberste Grenze des Hochwassers, wo sie täglich nur für kurze Zeit von der Flut oder von Wellenspritzern erreicht werden. Oft müssen diese Krebstiere auch wochenlange Trockenheit aushalten. Seepocken besiedeln aber auch Seezeichen (Bojen, Tonnen) weit ab vom Land oder bewachsen Schiffsböden, sodass umfangreiche Reinigungsarbeiten erforderlich werden. Eine Giftfarbe, die vor einigen Jahren

Erlebnistipp: Siedler auf festem Grund

Nordsee und Wattenmeer hätten bei der vorhandenen Nahrungsmasse an Plankton ein noch reicheres Tierleben, wenn es hier häufiger Felsen oder andere Festkörper unter dem Meeresspiegel gäbe. Denn etliche Seetiere fehlen, weil sie sich auf Sand- und Schlickboden nicht festsetzen können. Umso dichter sind die wenigen vorhandenen Festkörper besiedelt. Dazu gehören im Uferbereich vor allem Buhnen, Brücken und Uferschutzwerke, die dicht an dicht von Seepocken besiedelt sind. Auch Mies- und Herzmuscheln haben sich hier verankert. Seepocken findet man zudem auf Miesmuscheln, auf Wellhornschneckengehäusen oder den Panzern von Strandkrabben. Wahre Naturparadiese sind aber die Wracks gestrandeter und versunkener Schiffe. Unter der Wasseroberfläche leuchtet es rot und weiß von Seenelken und anderen Aktinien sowie Polypenbüscheln, die nahezu jeden Quadratzentimeter solcher Wracks besiedelt haben.
Aber auch Treibgüter, Holz oder Plastikkanister sind oft von Rot- und Grünalgen oder Seepocken bewachsen, vor allem, wenn sie lange Zeit im Meer getrieben haben. In manchen Jahren sind

Buhnen, dicht von Seepocken besetzt.

auch auf Treibgütern Unmengen von Entenmuscheln zu finden – Krebstiere, die in bläulichen Schalen auf braunen Schäften an diesen Treibgütern hängen und mit ihren Rankenfüßen Planktonnahrung einfangen. Sie sind vom Atlantik bis zur Nordseeküste getrieben und müssen hier, wenn sie gestrandet sind, sterben.
Anders sind die Verhältnisse in der Ostsee. Hier liegen zahlreiche Gerölle und eiszeitliche Findlinge am Boden und bieten Aktinien und anderen Meerestieren einen festen Halt.

produziert wurde, um die Ansiedlung von Seepocken zu verhindern, musste wegen ihrer schädlichen Auswirkungen auf andere Meerestiere wieder verboten werden.

Seepocken öffnen sich bei Flut und greifen nun mit ihren zarten Rankenfüßen nach winziger Planktonnahrung. Die Befruchtung der Weibchen findet derart statt, dass die Männchen mit ihrem langen Penis zu benachbarten Tieren greifen.

Entenmuschel

Wie die Seepocken gehören auch die Entenmuschel *(Lepas hillii)* zu den Rankenfüßern, leben aber weit weg von der Küste auf Treibgut im Meer. Hier siedeln sie sich mit derben Stielen an den Unterseiten von Treibgut an und treiben mit den Meeresströmungen hin und her. Von den zartblauen oder – je nach Art – weißen Schalen geschützt, treiben diese Tiere durch die Flut, wobei sie mit ihren 12 Fangarmen spielen, um winzige Organismen einzufangen.

Entenmuscheln sind den meisten Strandwanderern ganz unbekannt. Sie kommen nur gelegentlich im Flutsaum vor, wenn ungünstige Strömungen ihren Siedlungsgegenstand an die Küste verfrachtet haben. Dann können aber Kanister, Brückendalben u. a. mit Zehntausenden dieser Tiere besiedelt sein, die – auf den Strand geraten – vertrocknen und sterben.

Der merkwürdige Name »Entenmuschel« beruht auf einer im Mittelalter aufgestellten absurden Behauptung, dass junge Enten aus diesen »Muscheln« hervorgehen und somit in der Fastenzeit verzehrt werden dürfen. Erst Papst Innozenz III. widersprach um 1200 dieser Behauptung.

Würmer

Wenige Flecken auf der Erde haben eine ähnlich hohe Dichte an Tierleben wie mancherorts das Watt. Es kribbelt und krabbelt in der »Unterwelt«, im Sand und Schlick des Wattbodens, wobei etliche Wurmarten an der Oberfläche deutliche Zeichen ihres Daseins hinterlassen.

Am auffälligsten sind die Ausscheidungen, die »Sandkringel« der Wattwürmer, die dicht an dicht den Wattboden bedecken. Winziger, in ihrer Menge aber doch nicht übersehbar, sind die kleinen, krümelartigen Häufchen des Kotpillenwurmes. Und einem kundigen Auge fallen auch die sternförmigen Fraßspuren des Seeringelwurmes auf, während andere Würmer, so der Opalwurm, die eigenartigen Köcherwürmer oder die Seemaus, nur durch das Aufgraben des Wattbodens entdeckt werden können.

Der große, grüne Meerringelwurm kommt nur zur Laichzeit an die Oberfläche, wo dann die ineinander verschlungenen Tiere zu Hunderten liegen und absterben. Vom ähnlichen, aber kleineren Gefleckten Blattwurm findet man im Frühjahr auf dem Wattboden in Mengen den Laich, der an Weintrauben erinnert.

Wattwurm

Der Wattwurm *(Arenicola marina)* wurde früher Pierwurm oder auch Köderwurm genannt, weil er sich als Köder zum Angeln von Seefischen eignet. Er wird etwa 15 cm lang, kann schwarz oder rot sein. Deutlich sind am Körper die Reihen der 13 Paar roter Kiemenbüschel zu erkennen, während das Ende durch den so genannten »Sandsack« gekennzeichnet ist. Hier wird zunächst der durchgekaute Sand gespeichert, ehe er zur Oberfläche herausgedrückt wird und die charakteristischen Sandkringel bildet.

Der Wattwurm lebt in einer U-förmigen, verkitteten Röhre, deren tiefster Bogen etwa 25 cm unter der Wattoberfläche liegt, der Eingang durch eine trichterartige Vertiefung oder ein Loch, der Ausgang durch den erwähnten Sandkringel markiert. Der Wattwurm saugt mit seiner ausgeprägten Rüsselschnauze an einem Röhrenende den Sand ein, kaut diesen durch und lebt von den darin enthaltenen Nahrungsstoffen und stößt den Sand am hinteren Ende wieder zur Oberfläche hinaus.

In der Laichzeit, im Oktober, geben Weibchen und Männchen Eier und Samen in das Wasser der Springtide. Ein Teil der Weibchen stirbt danach. Sehr vie kleiner, aber auch deutlich zu erkennen, sind auf dem Sandwatt die dunklen Häufchen des **Kotpillenwurmes** *(Heteromastus filiformis)*, auch Blutfadenwurm genannt, weil das bis 18 cm lange, aber nur 1 mm dicke Tier wie ein roter Faden aussieht. Den Wurm entdeckt man beim Graben in der Gezeitenzone im Sandwatt.

Köcherwurm

Ganz selten findet man im Flutsaum die bis 7 cm langen, exakt gekitteten Köcherröhren dieses Wurmes. Noch seltener hat man das Glück, beim Graben im Wattboden auf eine Kolonie dieser Würmer zu stoßen, deren Köcher aufrecht im Boden steht und in etwa mit der Oberfläche abschließt. Der kopfüber lebende Köcherwurm *(Pectinaria coreni)* gräbt mit seinen golden schimmernden Borsten nach Nahrung und strudelt den durchgearbeiteten Sand zur Oberfläche.

Bäumchenröhrenwurm

Aus festem Sandwattboden, oft an Rändern von Prielen und Miesmuschelbänken, aber auch in Ufernähe, ragen eigenartige, fingerhohe Röhren vereinzelt oder rasenartig dicht an dicht aus dem Boden. Es sind die

Behausungen des Bäumchenröhrenwurmes *(Lanice chonchilega),* gekittet aus groben Sandkörnern und Bruchstücken von Muschelschalen und oben mit einem borstenartigen Gebilde versehen. Diese Röhren verlängern sich etwa 25 cm tief in den Boden, wo der Wurm bei Ebbe haust.
Bei Flut steigt der Bäumchenröhrenwurm in den Kopf der Röhre und sucht mit seinen durchs Wasser streifenden Tentakeln nach Nahrung. Nach Sturmfluten liegen oft Mengen der freigespülten Röhren am Strand.

Seeringelwurm

Der bis zu 10 cm lange Seeringelwurm *(Nereis diversicolor)* lebt im Flachwasser und auf dem Watt nahe der Niedrigwasserlinie. Hier steckt er im Boden, kommt aber zur Oberfläche, um – halb in seiner Röhre steckend – Beute zu greifen, die er mit kräftigen Kieferzangen packt. Dabei entstehen von der Röhrenöffnung aus strahlenförmige Linien im Sande nach allen Seiten.
Kennzeichnend für diesen Wurm ist ein durchgehendes »Blutband« auf dem Rücken. Ausgegraben windet er sich wie ein Tausendfüßler und ist bald wieder im Boden verschwunden. Seeringelwürmer kommen auch in der Ostsee und sogar noch im Brackwasser an Flussmündungen vor. Nach der Laichzeit im Frühjahr entwickeln sich die Larven im Boden und verteilen sich dort ohne frei schwimmendes Zwischenstadium.
Dem Seeringelwurm sehr ähnlich, aber etwas größer ist der **Opalwurm** *(Nephthys hombergii),* der ohne Wohnröhre im Schlick-Sandwatt lebt und sich als Allesfresser in etwa 20 cm Tiefe durch den Boden arbeitet. Er ist in der Nordsee und westlichen Ostsee verbreitet und spielt – wie die anderen Würmer – als Fisch- und Vogelnahrung eine große Rolle.

Quallen

Quallen sind Nesseltiere. Und da etliche Arten auch bei Menschen unangenehme bis gefährliche Verletzungen durch ihr Nesselgift verursachen können, sind sie meist generell unbeliebt bis gefürchtet. Auch Polypen gehören zu den Nesseltieren – und bei vielen Arten wechseln sich eine geschlechtliche Quallen- oder Medusen-Generation mit einer Polypen-Generation ab. Sogar die Riffe bildenden Korallen oder die (im nächsten Kapitel besprochenen) Seenelken gehören zu den Nesseltieren.

Ohrenqualle

Ohrenquallen *(Aurelia aurita)* gehören von den größeren Arten zu den ersten, die im Frühsommer an den Stränden von Nord- und Ostsee erscheinen. Kennzeichnend sind die 4 ohrenförmigen Geschlechtsorgane, die wie ein vierblättriges Kleeblatt auf der blauen bis farblosen Glocke angeordnet sind. Ohrenquallen sind weit verbreitet und ernähren sich von Plankton und Kleingetier, das mit den Mundarmen erbeutet wird. Wie fast alle Medusen besitzen auch Ohrenquallen einen Generationswechsel. Von einem Polypen lösen sich Scheiben ab, drehen die ehemalige Oberseite mit den Nessel-

fäden nach unten und schweben nun als Quallen im Meer. Bis zu einem Dutzend Quallen entstehen aus einem Polypenstock. Nach der geschlechtlichen Fortpflanzung der Quallen entstehen aus den Larven wieder Polypen.

Wurzelmundqualle

Die Wurzelmundqualle *(Rhizostoma octopus)* gehört zu den häufigsten und wegen ihrer Größe auch zu den auffälligsten Quallen im sommerlichen Flutsaum des Strandes an Nord- und Ostsee und lässt sich oft von Schiffen aus beobachten, wenn sie in Massen mit den Auf-und-Abbewegungen der Glocke im Fahrwasser treibt. Quallen bestehen bis zu 98 % aus Wasser. Um aktiv zu schwimmen, müssen sie aber ihre Glocke bewegen. Die Wurzelmundqualle fängt trotz ihrer Größe – die blauen Glocken können einen Durchmesser von einem halben Meter erreichen – nur Kleinorganismen ein und ist auch für Menschen ganz ungefährlich.

Kompassqualle

Kompassquallen *(Chrysaora hysoscella)* treiben im Spätsommer und Herbst oft in Mengen aus Richtung Kanal in die Nordsee. Kennzeichnend für die bis zu 30 cm groß werdende Glocke sind die Streifen, die vom »Pol« in der Glockenmitte V-förmig zum Rand verlaufen, der wiederum mit braunen Läppchen verziert ist. Die derben, braunen Tentakel dieser Qualle fangen verschiedene Beute,

Vorsicht! Feuerquallen!

Quallen gehören zu den bekanntesten Funden im Flutsaum, erregen aber oft Abscheu und Angst, weil ihr Nesselgift gefürchtet ist. Tatsächlich gibt es in den Weltmeeren Quallen, deren Gift für Menschen sogar tödlich ist, nämlich die Seewespe *(Chironex fleckeri),* die aber in nordaustralischen Gewässern lebt. Oder die Portugiesische Galeere *(Physalia physalis),* die in der Karibik zu Hause ist.

Von den Quallen an der Nord- und Ostseeküste sind die meisten harmlos. Nur die Blaue und insbesondere die Gelbe Nesselqualle können Schmerzen, Allergien und Kreislaufstörungen verursachen.

Die Gelbe Nesselqualle, auch »Feuerqualle« genannt, kann eine Glockengröße von bis zu 1 m erreichen. Sie erscheint an unseren Küsten während des Hochsommers, bei entsprechender Wetterlage – Quallen schwimmen gerne gegen den Wind – manchmal in solchen Massen, dass sie das Badeleben empfindlich stören. Die millimeterdünnen, aber meterlang ausgestreckten Nesselfäden lassen schon bei kleinster Berührung Tausende von Giftkapseln regelrecht explodieren und durch die Haut des Opfers schlagen, um ihr Gift zu injizieren.

Erstaunlich ist die Stärke des Giftes, obwohl die Qualle nur kleine Beutetiere fängt. Das Gift wirkt sogar noch dann, wenn dieses »Wabbeltier« angespült, gestorben und die Glocke zu einer Haut vertrocknet ist.

Hat man mit einer Nesselqualle »Bekanntschaft« gemacht, sollten auf die brennende Haut Tempotaschentücher oder Toilettenpapier gelegt werden, um das Quallengift aufzusaugen.

darunter auch kleine Ohrenquallen ein, sind aber für Menschen harmlos. Anders als die vorgenannten Schirmquallen, die sich getrenntgeschlechtlich vermehren, pflanzt sich die Kompassqualle als Zwitter fort. Zuerst tritt sie als männliches Tier auf und wandelt sich mit fortschreitendem Alter zum Weibchen, deren Eier im Magenraum selbstbefruchtet werden. Nachdem die zunächst frei schwimmenden Larven in das Wasser entlassen sind, bilden sich daraus – wie bei anderen Quallen – fest sitzende Polypen und durch deren Querteilung über den Generationswechsel neue Quallen.

Gelbe und Blaue Nesselquallen erscheinen zur gleichen Zeit.

Gelbe Nesselqualle

Die Gelbe Nesselqualle *(Cyanea capillata)*, die im benachbarten Dänemark den bezeichnenden Namen »Brandmann« trägt, tritt im Hochsommer an der Nordseeküste, vor allem bei Ostwind, manchmal in Unmengen auf, verstopft die Fischernetze und lähmt das Badeleben an den betroffenen Stränden. Die Glocke wird bis zu 1 m groß, im Nordatlantik sogar bis zu 2 m. Die Fangarme können bis zu 5 m lang, bei nordatlantischen Exemplaren bis zu 20 m lang werden. Gelbe Nesselquallen sind »Raubtiere«, die auch größere Fische fangen und mit ihren Tentakeln bis zu den Mundarmen einholen. Durchweg wird aber kleinere Beute gefangen.

Nachdem sich die Quallenscheibe vom Polypen gelöst hat, erfolgt ein schnelles Wachstum bis zur Geschlechtsreife im Hochsommer.

Blaue Nesselqualle

Die Blaue Nesselqualle *(Cyanea lamarcki)* erreicht einen Glockendurchmesser bis 20 cm und treibt oft massenweise an die Nordseeküste, während sie in der Ostsee fehlt. Die zahlreichen dünnen Nesselfäden können bei Berührung anhaltende brennende Schmerzen auf der Haut von Badenden verursachen. Die Blaue Nesselqualle erbeutet Kleinorganismen, wobei die Wirkung ihres Nesselgiftes in keinem Verhältnis zur Winzigkeit ihrer Beute steht.

Tiere in Pflanzengestalt

Zu den regelmäßigen Funden im Flutsaum, vor allem nach stürmischen Tagen, gehören Gebilde, die man eher für Pflanzen hält, wie z.B. das Seemoos, das Korallenmoos, die »Blätter« der Blättermoostierchen oder das »Kraut« der Zottigen Seerinde.

Auch solche Gebilde wie Klumpenschwamm oder die Dode Manneshand erinnern eher an Pflanzenfrüchte als an Tiere. Diese Arten gehören zu den Schwämmen, Nessel- bzw. Polypentiere, Rippenquallen sowie Moostieren.

Blättermoostierchen

Das Blättermoostierchen *(Flustra foliacea)* mit seinen derben, breiten »Blättern« ist nach Sturmfluten oft in Mengen am Strande zu finden, losgerissen von Muscheln und Steinen am Meeresgrund der Nordsee. Erst unter einer Lupe erkennt man die feine Struktur der netzförmigen Kammern aus Kalk oder Chitin. In jeder Kammer sitzt ein winziges Einzeltier, die insgesamt große, blattförmige Kolonien bis 20 cm Höhe bilden. Mittels eines Tentakelkranzes strudeln die Einzeltiere nach Nahrung.

Zottige Seerinde

Auch die Zottige Seerinde *(Membranipora pilosa)*, die nur an der Nordsee vorkommt, ist nach Sturmfluten am Strande zu finden. Gerne setzen sich die Kolonien dieser Moostiere auf Meerestieren oder an See- und Korallenmoos fest und hüllen diese schließlich ganz ein. In der Kolonie herrscht – wie bei den anderen Arten – eine Arbeitsteilung. Einige Tiere dienen der Stützfunktion, andere der Nahrungsbeschaffung und etliche der Vermehrung.

Ähnlich ist die **Seerinde** *(Membranipora membranacea)*, die man vor allem auf den breiten Blättern des Zuckertanges, aber auch auf Muschel-

schalen u. a. findet. Wer sie unter einer Lupe betrachtet, ist erstaunt über die exakte Gleichförmigkeit des Netzwerkes dieser Kolonie, wobei die mauersteinartige Versetzung die Stabilität verstärkt.

Seemoos

Hier handelt es sich um handgroße Büschel von Nesseltierkolonien, die sich am Meeresboden der Nordsee auf Steinen, Muschelschalen und anderen Festkörpern ansiedeln und sich büschelartig verästeln. Mit ihren Tentakeln fangen diese Polypentiere winzige Nahrungsstoffe aus der Flut. Früher wurde Seemoos *(Sertularia cupressina)* in großen Mengen gefischt – und beinahe ausgerottet! – und kam präpariert und grün gefärbt als Zierstrauch in den Handel.

Ähnlich dem Seemoos ist das in tieferen Lagen stehende **Korallenmoos** *(Hydrallmania falcata)*, dessen Hauptstämme aber nicht gerade, sondern spiralenförmig aufwachsen.

Dode Manneshand

Die gelblichbleichen »Finger« dieses Polypen- bzw. Korallentieres sind Ursprung des unheimlichen Namens. Aus den winzigen Öffnungen der Korallenfinger fangen Tentakelkronen ihre Nahrung aus der Flut. Die Dode Manneshand *(Alcyonium digitatum)* lebt in tieferem Wasser auf Gestein oder Wrackteilen, ist aber nach Sturmfluten an den Stränden zu finden.

Seenelke

Seenelken *(Metridium senile)* gehören zu den Aktinien, einer Tiergruppe, deren unzählige Vertreter die Tiefen der Weltmeere besiedeln, in blumenbunten Farben die Wände gesunkener Schiffe, Steine, Felsenriffe sowie andere Festkörper besetzen und ihre Tentakeln nahrungssuchend in der Strömung hin und her bewegen. Hier oder in Aquarien werden sie von Tauchern bzw. Besuchern bewundert – aber am Strand oder auf dem Watt sind sie nur ganz selten zu finden. Und wenn doch, dann sind es unscheinbare, kaum daumengroße geleeartige Klumpen.

Ungeachtet ihres Pflanzennamens und ihrer Pflanzengestalt gehören die Aktinien zu den Nesseltieren, ganz nahe verwandt mit den Quallen. Seenelken haften mit ihrer Fußscheibe auf dem festen Untergrund und lassen sich durch Menschenhand kaum lösen, können aber nach entsprechender Vorbereitung freiwillig ihren Standort verändern. Mit ihren Tentakeln fangen sie Plankton und Kleintiere ein und leben auch manchmal auf Wellhornschne-

ckengehäusen in Symbiose mit Einsiedlerkrebsen.
Die Vermehrung erfolgt durch das Ausstoßen von Eiern, die im Wasser durch ebenfalls abgegebene Spermien befruchtet werden. Doch kann sich die Seenelke auch ungeschlechtlich durch Teilung ihres Körpers fortpflanzen.
Nahe Verwandte der Seenelke sind die **Dickhörnige Seerose** *(Urticina felina)*, die **Pferdeaktinie** *(Actinia equina)*, die **Tangrose** *(Sagartia elegans)* oder die **Witwenrose** *(Sagartiogeton undatus)*, die auch noch in der westlichen Ostsee vorkommt, während sich alle anderen genannten Arten an deutschen Küsten auf die Nordsee beschränken.

Seestachelbeere

Die Seestachelbeere *(Pleurobrachia pileus)* erinnert hinsichtlich Größe und der hellen Rippen an eine Stachelbeere und wird deshalb so genannt. Der richtige Name lautet Kugelrippenqualle und kennzeichnet diese Art als Vertreter der Rippenquallen, die keine Nesselzellen an ihren langen Fangarmen, sondern Haftzellen besitzt, um

damit ihre Nahrung, Plankton, einzufangen. Seestachelbeeren sind vor allem im Winter am Strande zu finden.

Bohrschwamm

Der Bohrschwamm *(Cliona celata)* dringt in Muschel- und Schneckengehäuse ein und bildet dort ein Kammernetz, das durch zahlreiche Öffnungen mit der Außenwelt Verbindung hält. Selten findet man das eigentliche Tier, häufiger sind aber die ehemals von Bohrschwamm besetzten Schalen und Gehäuse der genannten Weichtiere mit den millimeterkleinen Löchern.

Algen und Tange

Wie ein dunkles Band ziehen sich an den Stränden der Nordsee und am Watt die Flutsäume der im nahen Küstenbereich losgerissenen und angespülten Meerespflanzen – Algen und Tange – hin. Algen werden die kleineren Arten, Tange die größeren genannt – als größte die lederartigen breiten Blätter des Zuckertanges, der im Bereich deutscher Küsten nur auf dem Felssockel rund um Helgoland wächst.

Blasentang

Der Blasentang *(Fucus vesiculosus)* wächst auf Buhnen, Uferschutzwerken, Dalben, Steinen sowie anderen Festkörpern in der Uferzone fast bis zur Hochwasserlinie und bis zu einer Tiefe von etwa 5 m. Überall haben sich die bis zu 70 cm langen Büschel mit ihren Haftscheiben festgesetzt, treiben dank ihrer Luftblasen im Flutwasser auf, liegen bei Ebbe schwarz vertrocknet an der Luft oder decken die Miesmuschelbänke zu. Kaum angefeuchtet kehrt aber die braune Farbe wieder zurück. Die Fortpflanzungszellen befinden sich in den blasenförmig verdickten Trieben.

In tieferem Wasser siedelt der ähnliche **Sägetang** *(Fucus serratus)*, ebenfalls von bräunlicher bis grüner Farbe. Die Blätter sind deutlich wie ein Sägeblatt gezähnt und weisen keine Schwimmblasen auf. Die verdickten Fortpflanzungsorgane mit weiblichen und männlichen Zellen bilden sich an den Spitzen der Blätter.

Knotentang

Der meterlange, derbe Knotentang *(Ascophyllum nodosum)*, eine Braunalge, ist auf das Vorhandensein von Felsboden angewiesen und kommt an deutschen Küsten nur bei Helgoland vor. Doch wird der Knotentang nach Sturmfluten öfter an anderen Stränden gefunden. Charakteristisch sind die großen Schwimmblasen sowie die seitlichen Organe mit den Fortpflanzungszellen.

Meersalat

Von den Grünalgen ist der Meersalat *(Ulva lactuca)* am häufigsten, sowohl angespült im Flutsaum als auch auf den Watten, wo sich im Sommer nicht selten hektargroße »Wiesen« des Meersalates bilden. Die welligen grünen Blätter dieser Alge sind auf Festkörper, auch auf Muschelschalen und Schneckengehäuse sowie Krebspanzer geheftet, können aber auch frei schwimmend leben. Der Meersalat vermehrt sich durch Schwärmerzellen, die am Blätterrand gebildet werden.

Darmalge

Die Darmalge *(Enteromorpha compressa)* erinnert an den Meersalat, besitzt aber bis zu 25 cm lange, nur zentimeterbreite Blätter, die aus einer gemeinsamen Basis sprießen. Darmalgen markieren als grüner Saum die bei Ebbe trockenfallenden Steinbuhnen, siedeln sich aber auch auf Seezei-

Öko-Thema: Gefahr durch Algenwachstum

Die Eigenschaft aller Pflanzen ist es, zu verrotten und dabei einen mehr oder weniger üblen Geruch zu verbreiten. Dies gilt auch für Algen und Tange an den Stränden.

Völlig unsinnig ist es aber – wie zeitweilig von Panikmachern verbreitet –, Algen oder Tang als Dreck oder als giftig zu bezeichnen. Sie sind Pflanzen wie andere auch, wurden früher sogar von den Landwirten an der Küste als Dünger auf die Felder gefahren oder – wie das Seegras – zum Stopfen von Matratzen verwendet.

Gleichzeitig dienen Algen zahlreichen Fischen und sonstigem Seegetier als Versteck oder als Laichplatz. Winzige, millimeterkleine Algen, die als Phytoplankton im Wasser schweben, oder Kieselalgen (Diatomeen), die als brauner Belag den Boden des Wattenmeeres bedecken, stehen aber auch am Anfang von Nahrungsketten und sind Grundlage für den Tierreichtum an der Küste.

Manchmal kommt es jedoch zu einer Übervermehrung einiger Algenarten. Diese Erscheinung beruht in der Regel auf natürlichen Vorgängen, wird aber auch durch menschliche Aktivitäten gefördert, z. B. durch den Eintrag von Phosphaten oder Stickstoff aus der binnenländischen Landwirtschaft, aus Haushalten und Industrie, die über die Flüsse oder über den Regen aus der Luft in Nord- und Ostsee gelangen.

Diese »Eutrophierung« begünstigt das Wachstum von Algen, beginnend mit der Schaumalge *(Phaeocystis globosa)* bis hin zum Meersalat. Durch das Zusammenwirken von *P. globosa,* Wind und Wellen kommt es dann zur Bildung umfangreicher Schaumwälle am Strand, doch sind solche Ereignisse eher selten. Haben sich Algen übermäßig vermehrt, kommt es beim Absterben und Verrotten durch bakteriellen Abbau zu entsprechendem Sauerstoffverzehr. Dies kann lokal zu Sauerstoffmangel im Wasser bzw. auf dem Meeresboden führen, sodass dort kein Tierleben mehr möglich ist. Solche Erscheinungen treten naturgemäß eher in der »stehenden« Ostsee als in der gezeitenbewegten Nordsee auf – allerdings nur lokal und wetterbedingt.

Verbesserter Umweltschutz seit den 1980er-Jahren, eine verstärkte Abwässerreinigung an den Flüssen – insbesondere in der ehemaligen DDR – haben zu einer wesentlichen Verbesserung der Verhältnisse in Nord- und Ostsee geführt.

chen u. a. an. Die Darmalge und ihre nahen Verwandten sind – neben Nord- und Ostsee – an fast allen europäischen Küsten verbreitet und überziehen ihren Siedlungsgrund oft als unangenehmer glitschiger Teppich.

Borstenhaar-Alge

Die dunkelgrüne Borstenhaar-Alge *(Chaetomorpha linum)* besteht aus Zellketten, die bis zu 30 cm lange Fäden bilden. Diese wachsen in Büscheln in der Gezeitenzone auf Festkörpern, können sich aber auch auf dem Sand-Schlickwatt behaupten, wo sie wie Wattebüschel auf dem Boden liegen, mit dem Sand verwachsen oder von der Gezeitenströmung zu seilartigen Bündeln zusammengerollt sind.

Purpurtang

Von den Rotalgenarten ist der Purpurtang *(Porphyra umbilicalis)* noch am häufigsten zu finden, angespült am Strand der Nordsee oder bei Ebbe auf dem Watt. Hier liegen die hauchdünnen, fetzenartigen, rotbraun schimmernden Lappen am Boden – oder sind an Festkörper geheftet.

Blütenpflanzen

Die Pflanzenwelt an der Nord- und Nordseeküste wird von drei Landschaftsformen geprägt – dem Sandstrand mit den aus Meeressand gebildeten Strandwällen, den Dünen sowie den aus Schlickboden gebildeten Salzwiesen und Marschen, die in der Regel im Lee von Inseln, Halligen, Dünenwällen, Wardern und Nehrungen liegen. Gemeinsam ist den nachfolgend genannten Pflanzen, dass sie entweder dem unmittelbaren Einfluss von Überflutungen durch Salzwasser ausgesetzt sind oder dass sie zumindest den von kräftigen Winden herangewehten Salzspray vertragen oder gar zum Gedeihen benötigen. Aber die Küstenpflanzen müssen auch durch niedrigen Wuchs oder schmale Blätter (z. B. Strandhafer) dem ewigen Wind an der Meeresküste standhalten und sich gegen hohe Verdunstung durch Wind und Sonne schützen, was bei manchen Pflanzen durch das Zusammenrollen der Blätter geschieht.

An **Sandstrand** beginnt das Pflanzenleben in der Regel mit den mehr oder weniger dicht stehenden Halmen der Binsenquecke *(Agropyron junceum)*, auch Strandweizen genannt. Sie fängt die stiebenden Sandschlieren und bildet erste, kleine Dünen, die nachfolgenden Pflanzen eine Daseinsmöglichkeit bieten. Zu den Pflanzen des unmittelbaren Sandstrandes gehören auch die Salzmiere *(Honkenya peploides)* mit ihren sukkulenten Stängeln und Blättern sowie der Meersenf *(Cakile maritima)* und das Kali-Salzkraut *(Salsola kali)*, ersterer von weißen oder violetten Blüten übersät und von Insekten umschwärmt – letzteres mit einer Fülle von Stacheln besetzt. Beide gedeihen vor allem auf dem Humus alter, versandeter Flutsäume. Auf höheren Strandwällen und Stranddünen, deren Salzgehalt durch Regen schon stark gemindert ist und die nur bei hohen Sturmfluten kurze Zeit von Salzwasser überflutet werden, dominieren Strandroggen *(Elymus arenarius)* und Strandhafer *(Ammophila arenaria)*, hier und da von den Ranken und violetten Blüten der Strandplatterbse *(Lathyrus maritimus)* durchsetzt. Auf Auf Helgoland ist der Klippenkohl *(Brassica oleracea)*, die Wildform unserer Kohlarten, häufig. Und merkwürdigerweise kann sich auch eine binnenländische Pflanze, die Acker-Gänsedistel *(Sonchus arvensis)* mit ihren meterhohen Stängeln und gelb leuchtenden Blüten in der Strandzone behaupten, da sie salzverträglich ist.

Auf höheren **Dünen**, wie sie vor allem auf den Nordfriesischen und Ostfriesischen Inseln sowie mancherorts an der Ostseeküste als ausgedehnte, dynamische Landschaften zu finden sind, dominiert der Strandhafer. Die Täler

Strandroggen am Meeresstrand.

zwischen den Dünen sind mit den stacheligen Büscheln des Silbergrases *(Corynephorus canescens)* und der Sandsegge *(Carex arenaria)* bewachsen. Aber auch die Kriechweide *(Salix repens)* ist mit meterhohen Büschen eine häufige Pflanze der Dünentäler. Vor allem aber dominieren hier die bodendeckende Krähenbeere *(Empetrum nigrum)* und die Besenheide *(Calluna vulgaris)* die Hügel und Täler der Dünen.

Auf den Ostfriesischen Inseln sind weite Bereiche der Dünen von den Sträuchern des Sanddornes *(Hippophae rhamnoides)* überwachsen, der auch in der Strandzone der Ostseeküste wächst. Stellenweise ist der Sanddorn, im Herbst übersät von vitaminreichen orangeroten Beeren, von Menschen gepflanzt worden. Ursprünglich angepflanzt (seit den 1920er-Jahren) ist auch die aus dem fernen Osten stammende Kartoffelrose *(Rosa rugosa)*. Da Vögel gern ihre Hagebutten fressen und dabei die Samen verschleppen, hat sie sich sehr verbreitet.

Selten geworden ist allerdings die echte Dünenrose *(Rosa pimpinellifolia)*, die mancherorts von der Kartoffelrose verdrängt wurde. Auch die Stranddistel *(Eryngium maritimum)* gehört zu den eher seltenen Strand-Dünenpflanzen. Am besten gedeiht sie noch dort, wo es keine Wildkaninchen gibt, z. B. auf der ostfriesischen Insel Spiekeroog.

Von besonderem Reiz sind aber jene Dünentäler, die fast ganzjährig Kontakt mit dem Grundwasser haben bzw. durch das Druckwasser aus den umlie-

Blütenpflanzen

Strandhafer, Seite 112

Meersenf, Seite 113

Strand-Platterbse, Seite 112

Stranddistel, Seite 113

Salzmiere, Seite 113

Dünenrose, Seite 115

Blütenpflanzen 109

Queller, Seite 118

Strandflieder, Seite 123

Salzmelde, Seite 120

Strandaster, Seite 124

Strand-Beifuß, Seite 123

Strand-Grasnelke, Seite 124

genden höheren Dünen eine ständige Bodenfeuchtigkeit aufweisen. Hier haben sich Minimoore mit einer einzigartigen Pflanzenwelt gebildet. Dazu gehört der Sonnentau (*Drosera rotundifolia* und *D. intermedia*), die Glockenheide *(Erica tetralix)* mit ihren rosafarbenen Blütenköpfchen – besonders in den Dünentälern auf Sylt – sowie der am Boden kriechende Sumpfbärlapp *(Lycopodium innundatum)* als Relikt der Eiszeit. Neben verschiedenen Moosen sind hier auch die Moosbeere *(Vaccinium oxycoccus)* sowie die Rauschbeere *(Vaccinium uliginosum)* zu finden. Auch der Lungenenzian *(Gentiana pneumonanthe)* steht vereinzelt zwischen sauren Moorgräsern, öffnet seine azurblauen Kelche aber nur bei Sonnenschein.

Die Pflanzenwelt an schlickigen Wattufern oder **Marschen**, auf dem von der Natur oder durch Menschenhand (Landgewinnung) gebildetem Vorland, auch Anwachs und Heller genannt, beginnt mit Blütenpflanzen schon weit vor dem eigentlichen Lande. In Prielen, Wattenpfützen und auf Sandschlickwatten wachsen büschelweise das Echte Seegras *(Zostera marina)* und das Zwergseegras *(Zostera nana)*, beide wichtig für die Deckung von Kleintieren und deren Laich sowie als Äsung für Wildgänse.

Ebenfalls außerhalb des Landes und der täglichen Überflutung preisgegeben steht in runden Porsten oder dichten Beständen das Englische Schlickgras *(Spartina townsendii)*, das Ende der 1920er-Jahre an der Nordseeküste zur Förderung der Landgewinnung ausgesät wurde. Im gleichen Lebensraum unter der mittleren Hochwasserlinie siedelt auch der Queller *(Salicornia europaea)* mit seinen dicken grünen Stängeln und Blättern. Unmittelbar am Ufer, bei höherer Flut auch noch vom Salzwasser erreicht, wachsen Strandsode *(Suaeda maritima)* und die hochwachsende Strandmelde *(Atriplex littoralis)*, wobei Letztere den Humus vorheriger Flutsäume nutzt. Auf den eigentlichen **Salzwiesen**, die nur bei Sturmfluten überflutet werden, zeigt sich dann ab Mai eine bunte Ge-

Echtes Seegras.

sellschaft von Blumen; zuerst das weiß leuchtende Dänische Löffelkraut *(Cochlearia danica)*, später die Blütensterne der Salz-Schuppenmiere *(Spergularia salina)*, die unscheinbaren Blüten des bodenbedeckenden Strand-Milchkrautes *(Glaux maritima)* sowie die Salzmelde *(Halimione portulacoides)*. Am auffälligsten aber sind die silbernen, filigranen Büschel des Strand-Beifußes *(Artemisia maritima)*, die bis zu 70 cm hoch aufschießende Strand-Aster *(Aster tripolium)* mit ihren watteartigen Samenbüscheln im Spätsommer sowie der Strandflieder *(Statice limonium)*, der mit seinen breiten, violetten Blütenkronen, oft über große Flächen ausgebreitet, die Charakterpflanze der Halligweiden und der Salzwiesen ist. Hier wird der Strandflieder Bondestave genannt.

Nahezu alle genannten Salzpflanzen sind auch an der Ostsee in Küstenniederungen, an Nooren, Bodden und Strandseen zu finden, die Verbindung mit der Ostsee haben und deshalb deren Salzeinfluss ausgesetzt sind. Zwar gibt es an der Ostseeküste keine Gezeiten, aber bei starkem Westwind so genannte »Windwatten«, die dann trockenfallen. Und bei starkem Ostwind können an der Küste Sturmfluten in Höhe von mehreren Metern über dem normalen Meeresspiegel auftreten.

Binsen-Quecke, Strandweizen

In der rauen Umgebung windbewegter Sandbänke und Strände ist der Strandweizen *(Agropyron junceum)* mit seinen etwa 50 cm hohen dünnen Stängeln und Blättern der erste Besiedler dieses unwirtlichen Lebensraumes. Er verträgt sowohl die Überflutung mit Salzwasser als auch die Bedeckung durch den ständig stiebenden Sand, breitet nach allen Seiten seine Wurzeln aus, bildet aus ersten spärlichen Halmen größer werdende Büsche und ist der »Pionier« erster Dünenbildung, die weiteren Strandpflanzen Daseinsmöglichkeiten schafft.

Strandweizen fördert die Dünenbildung.

Strandhafer

Im Gegensatz zum ähnlichen Strandroggen *(Elymus arenarius)* ist der Strandhafer *(Ammophila arenaria)* weniger salztolerant und wächst erst auf höheren Dünen, denen das Salz durch Regen schon entzogen ist. Hier aber ist der Strandhafer dann die absolut dominierende Pflanze und hält durch seinen dichten Bewuchs die Dünen fest. Tief wurzelt er im Boden, schützt sich gegen Verdunstung aber auch durch das Einrollen seiner Blätter. Im Hochsommer fruchten die Ähren und verbreiten ihren Samen mit dem Wind. Strandhafer benötigt zum Gedeihen ständigen Sandflug. Wo Dünen festliegen, räumt er bald für Silbergras und Krähenbeere seinen Platz.

Strand-Platterbse

Zwischen den grünen Halmen des Strandroggens und Strandhafers leuchten die violetten Blüten der Strand-Platterbse *(Lathyrus maritimus)*. Mit ihren Ranken hat sie sich an deren Halmen festgehalten und »hochgerankt«. Zur Fruchtreife entwickeln sich längliche, erbsenähnliche Fruchthülsen, die dieser Pflanze den Namen gaben. Die Strand-Platterbse ist eine seltene Pflanze!

Salzmiere

Fast rasenartig dicht an dicht wächst die kaum fingerhohe Salzmiere *(Honkenya peploides)* auf flachen Strandzonen und zeigt mit ihren dickfleischigen Stängeln und Blättern ihre Sukkulenz und Salztoleranz. Die weißen Blüten sind klein und unauffällig.

Meersenf

Diese einjährige, halbmeterhohe und in dichten Büschen wachsende Pflanze zeigt sich am Strande in oft großen Beständen und ist dann für Jahre wieder verschwunden. Meersenf *(Cakile maritima)* benötigt nämlich zum Gedeihen den Humus alter, versandeter und verrottender Flutsäume. Vom Hochsommer bis in den Herbst hinein sind die Büsche mit weißen oder violetten Blüten geschmückt und Ziel zahlreicher Insekten. Die Verbreitung der Samen erfolgt allerdings durch die Flut.

Stranddistel

Trotz ihres Namens ist die Stranddistel *(Eryngium maritimum)* keine Distel, sondern ein Doldenblütler. Sie ist auf strandnahen Dünen der Nord- und Ostsee verbreitet, aber überall so selten, dass sie schon vor vielen Jahren unter Naturschutz gestellt wurde. Es scheint aber, dass diese Pflanze weni-

Blühende Stranddistel.

ger durch Abpflücken als durch Wildkaninchen bedroht wurde und wird, die die jungen Triebe der Stranddistel abnagen, was diese nicht verträgt. Die stacheligen, derben Blätter tragen gegen Wind- und Sonnenverdunstung einen wachsartigen Belag. Die bläulich blühenden Blütenköpfe entlassen nach dem Vertrocknen im Herbst eine Fülle von stacheligen Spaltfrüchten, die vom Winde vertrieben werden.

Sanddorn

Der Sanddorn *(Hippophae rhamnoides)* bildet Büsche und kleine Bäume, oft aber ein fast undurchdringliches Gestrüpp, besonders auf den Graudünen der Ostfriesischen Inseln, wo noch ein Kalkgehalt von über 0,3 % vorhanden ist. Auch an der Ostseeküste ist dieser Strauch zu finden, fehlt aber in den Dünen der nordfriesischen Inseln Sylt und Amrum, weil dort die Bodensäure zu hoch ist. Die Einwanderung des Sanddornes erfolgte erst in den 1820er-Jahren über die Westfriesischen Inseln.
Charakteristisch für den Sanddorn sind die orangefarbenen, vitaminreichen Beeren, die im Herbst in Unmengen an den Zweigen zu finden sind und sowohl von Menschen als auch Vögeln genutzt werden.

Dünenrose

Die Dünenrose *(Rosa pimpinellifolia)* ist ein niedriges, bis 50 cm hohes, stacheliges Gestrüpp, das sich Ende Mai/Juni mit weißen Blüten schmückt und vereinzelt auch noch einmal im Spätsommer blüht. Die Früchte sind schwarze Hagebutten. Dünenrosen wachsen in meist kleinen, isolierten Beständen auf Graudünen, sind aber überall sehr selten.

Kartoffelrose

Runzelrose oder Kartoffelrose *(Rosa rugosa)* ist der unpoetische Name dieser an deutschen Küsten und auf Inseln (auf Sylt »Sylt-Rose« genannt) verbreiteten Pflanze, die aus dem fernen Osten stammt, aber schon bald nach 1900 an der Küste angesiedelt wurde, weil sie auch in trockenen Dünen wächst und Wind und Wetter verträgt. Aus privaten Anpflanzungen ist *Rosa rugosa* dann über fast alle Dünen- und Geestlandschaften verwildert. Die großen, orangeroten Hagebutten sind Nahrung zahlreicher Vögel, sodass die darin enthaltenen Körner durch den Vogelkot weit verstreut werden. Die Verbreitung erfolgt aber auch durch unterirdische Wurzelausläufer.

Öko-Thema: Gewappnet gegen Wasser und Wind

Zu den Besonderheiten etlicher Küstenpflanzen gehört ihre Eigenschaft, sich mit dem Salzwasser zu »arrangieren«. Immerhin werden einige Arten, etwa Queller und Schlickgras, täglich zweimal mit Salzwasser überflutet und stehen stundenlang unter Wasser, während andere Küstenpflanzen etliche Male im Jahr bei Sturmfluten unter Salzwasser geraten und sich auf salzigem Boden behaupten müssen. Auch der bei Sturmwind ins Land gewehte Salzspray erfordert bei den Küstenpflanzen entsprechende Anpassungen. Zu den Gegenmaßnahmen gegen eine übermäßige und damit für die Pflanze tödliche Salzkonzentration gehört z. B. die Fähigkeit, über Drüsen das Salz auszuscheiden, etwa beim Schlickgras *(Spartina anglica)*, das zudem durch eine besonders effiziente Fotosynthese die Aufnahme von Wasser und damit Salz reduziert. Auch andere Pflanzen der Salzwiesen (Grasnelke, Strandflieder) können über Drüsen Salz ausscheiden oder werfen, wie die Keilmelde, ihre salzgefüllten Blätter ab. Der Queller gehört zu den halophilen, also salzliebenden Pflanzen und verträgt einen relativ hohen Salzgehalt, der sogar Voraussetzung für das Wachsen und Keimen ist. Die Aufnahme salzhaltigen Wassers führt aber zu einer wachsenden Salzkonzentration in der Pflanze. Deshalb speichern die fleischigen

Buschzäune und Strandhaferpflanzungen befestigen die Stranddünen.

Strandsode und Andelgras besiedeln das Neuland am Watt.

Stängel mit den schuppenartigen Blättern – wie die Kakteen in der Wüste – viel Wasser und verringern damit die Konzentration des Salzes im Gewebe. Erst im Herbst stirbt die salzüberladene Pflanze ab.

Der Queller gilt als Pionier der Landgewinnung. Seine Büschel fangen für die kurze Zeit des Hochwasserstillstandes Schlick und sonstige Sedimente aus dem trüben Wasser des Wattenmeeres und bedingen eine allmähliche Auflandung des Wattbodens – ein Vorgang, der sich über Jahrzehnte hinzieht, ehe der Wattboden über Meeresspiegel aufgewachsen ist und sich mit weiteren salztoleranten Pflanzen begrünt.

Wie der Meeresboden, so sind auch die küstennahen Dünen in ständiger Bewegung. Hier reißt der Wind eine Düne auf, dort wird eine neue Düne zusammengeweht. Weil Dünen ein natürlicher Küstenschutz sind, wird deren Bewuchs mit Strandhafer seit Jahrhunderten gefördert.

Früher mussten die Insulaner und Küstenbewohner das Pflanzen von Strandhaferbüscheln im »Hand- und Spanndienst« besorgen. Aber seit Ende des 19. Jahrhunderts übernehmen die staatlichen Küstenschutzämter diese Aufgabe. Der Strandhafer wird dort, wo er dicht wächst, mit einigen Seitenwurzeln spatentief aus dem Sand gestochen und auf Küstendünen in langen Reihen wieder in den Boden gesetzt. Angewachsen bildet er bald dichte Bestände, die den Wind nicht mehr an den Sand heranlassen und die Düne festigen.

Der Strandhafer ist aber auch im Bereich der Binnendünen die dominierende Pflanze und bindet dort zusammen mit Silbergras, Krähenbeere und Sanddorn den windflüchtigen Sand. Es gibt aber auch noch einige mächtige Wanderdünen im Listland auf Sylt und auf Amrum. Sie stehen unter Naturschutz und vermitteln großartige Landschaften einer ungezähmten Natur.

Schlickgras

Von der Hochwasserlinie an bis weit hinaus auf Schlick-Sandwatten steht meist in runden Horsten das knapp halbmeterhohe Schlickgras *(Spartina townsendii)* mit seinen derben Stängeln und schmalen Blättern, zur Blütezeit lange Ähren tragend. Diese Pflanze entstand um 1870 als Bastard einer nordamerikanischen *Spartina*-Art und der an der Kanalküste wachsenden *S. alterniflora*. In den 1920er-Jahren wurde sie zu Landgewinnungszwecken an die deutsche Nordseeküste eingeführt, hat die damaligen hohen Erwartungen aber nur teilweise erfüllt.

Queller

Wie kleine Kakteen erscheinen die bis 30 cm hohen Quellerpflanzen *(Salicornia europaea)* vor der Uferzone im Wattenmeer. Der Eindruck ist nicht zufällig. Um der hohen Salzkonzentration ihres Lebensraumes mit der täglichen Überflutung durch Salzwasser zu begegnen, speichern Stängel und Blätter hohe Wassermengen. Die Blüten erscheinen im Spätsommer und Herbst, sind aber ganz unscheinbar. Die Salzkonzentration bringt den einjährigen Queller im Herbst zum Absterben, wobei sich die Pflanzen rot färben. Als so genannte Pionierpflanze spielt der Queller für die Landgewinnung eine große Rolle.

Andelgras

Die zunächst noch isolierten, dann immer ausgedehnter wachsenden Horste des Andelrasens *(Puccinellia maritima)* bilden den Übergang vom Watt bzw. von der Hochwasserlinie zum festen Land. Das Andelgras gilt als eigentlicher Befestiger des Neulandes bzw. der Salzwiesen und deckt in weiten Bereichen fast rasenartig und dicht an dicht den Boden. Insbesondere als Nahrung für Schafe und Wildgänse spielt die Pflanze eine wichtige Rolle. Sie ist auf intensiv beweideten Salzwiesen oft die einzige Pflanze, die sich über längere Zeit behaupten kann.

Strandsode

Die Strandsode *(Suaeda maritima)* mit den fleischigen grünen Blättern erinnert an den Queller, doch liegen die Stängel in der Regel auf dem Boden und steigen nur am Ende hoch. Die eher unscheinbaren Blüten stehen in Ständen in den Blattachsen. Oft sind die Blätter dieser einjährigen Salzpflanze auch rot, besonders im Spätsommer am Ende der Wachstumszeit.

Salzmelde

Die Salzmelde *(Halimione portulacoides)* bildet blätterreiche Büsche an den Grabenkanten der Salzwiesen, wächst aber auch flächendeckend und verdrängt fast alle anderen Salzpflanzen ihres Siedlungsraumes. Nach anhaltend heißen Tagen erscheinen die ohnehin schon silbrig glänzenden Blätter infolge ausgeschiedenen Salzes noch glitzriger. Die Salzmelde ist eine mehrjährige Pflanze mit einem holzartigen Hauptstängel. Von Juli bis in den Herbst hinein stehen an den Stängeln die unscheinbaren bräunlichen Blütenwinzlinge.

Strand-Milchkraut

Das Strand-Milchkraut *(Glaux maritima)* kriecht fast rasenartig in der Uferzone von Sand-Schlickstränden über den Boden, ist aber auch in periodisch mit Salzwasser überfluteten Senken weitab vom Strand zu finden. Die winzigen Blüten werden von einem flüchtigen Betrachter oft übersehen, zeigen aber bei genauerem Hinsehen die Schönheit ihrer roten Kelche und weißen Blütenränder.

Dänisches Löffelkraut

Der Frühling kommt spät in die raue Landschaft am Meer, und spät setzt auch die Entwicklung der Vegetation und das Blühen von Blumen ein. Zu den ersten gehört das Dänische Löffelkraut *(Cochlearia danica)*, das ab Anfang Mai höhere Strandzonen und Salzwiesen mit einer Fülle von weißen Blüten bedeckt. Das Löffelkraut gedeiht aber nur, wenn der Salzgehalt im Boden nicht 0,5 % überschreitet. Wegen seines Vitamingehaltes wurde diese Art im Nordmeer von Walfängern als Mittel gegen die Mangelkrankheit Skorbut verwendet.

Strand-Dreizack

Bis zu 30 cm lange, schmale Blätter kennzeichnen den Strand-Dreizack *(Triglochin maritima)*, der sowohl in der unmittelbaren Uferzone – dort in runden Horsten – oder auf Salzwiesen wächst. Die blattlosen Stängel tragen in der Blütezeit bis 60 cm lange Ähren. Wird der Strand-Dreizack zwischen den Händen zerrieben, verbreitet sich ein chlorähnlicher Geruch.

Strandwegerich

Aus der dichtblättrigen Grundrosette des Strandwegerichs *(Plantago maritima)* mit ihren langen schmalen Blättern erheben sich etwa 30 cm hohe, dünne Stängel. In der Blütezeit zwischen Juni und Oktober fallen die Ähren durch ihre gelben Staubbeutel auf. Als einzige der heimischen Strandpflanzen wurde der Strandwegerich früher – vereinzelt auch noch heute – zu Nahrungszwecken genutzt: Die frischen Blätter können gekocht als »Gemüse« gegessen werden.

Strand-Tausendgüldenkraut

Aus der bodenständigen Rosette steigen die nur mit wenigen Blättern versehenen bis 30 cm langen Stängel auf. Meist hält sich diese Pflanze aber dicht über dem Boden und wird häufig übersehen, auch weil die Blüten bei bedecktem Himmel geschlossen sind. Geöffnet zeigen sie sich als leuchtend rosa Sterne mit gelben Staubgefäßen. Das Strand-Tausendgüldenkraut *(Centaurium vulgare)* wächst auf von Salzwasser beeinflusstem Küstengelände und ist trotz des ausgedehnten Verbreitungsgebietes selten.

Strand-Beifuß

Der Strand-Beifuß *(Artemisia maritima)* ist eine der Charakterpflanzen am Wattufer, auf Salzwiesen und an deren Grabenrändern, in die täglich das Salzwasser der Flut hineinströmt. Die bis zu einem halben Meter hoch wachsenden Stängel zeigen ästige, filigrane Seitentriebe, die silbergrau leuchten. Oft stehen die Stängel dicht an dicht und bilden ausgedehnte Büsche. Unscheinbar aber sind die kleinen grüngelben Röhrenblüten. Der Strand-Beifuß wird auch Strandwermuth genannt – wegen des entsprechenden aromatischen Geruches.

Strandflieder

Mehr noch als der Strand-Beifuß gilt der Strandflieder *(Statice limonium)* als Charakterpflanze der Salzwiesen. Auf Halligen und Hellern der Ostfriesischen Inseln schimmern die Salzwiesen in der Blütezeit im Juli/August weithin violett von den breiten Blütenkronen dieser Art. Der bis zu 25 cm hoch wachsende Strandflieder mit seinen derben Stängeln besitzt grundständige, lederartige Blätter, die manchmal gelb oder rot leuchten, wenn sie durch zu hohe Salzkonzentration absterben. Weil die Blütenkrone getrocknet lange haltbar ist, wurde der Strandflieder früher gepflückt. Das Pflücken, Mähen oder Beweiden schadet dieser dauerhaften Pflanze zum Glück kaum. Vielmehr fördern Luft und Licht diese Art, die abstirbt, wenn sie sich gegenüber anderen, hochwachsenden Salzpflanzen behaupten muss.

Strandaster

Die Strandaster *(Aster tripolium)* überragt mit bis zu 70 cm alle anderen Pflanzen der Salzwiesen. Aber sie treibt erst im Spätsommer hoch, wenn sich nach der Blütezeit von Juli bis September die watteähnlichen Samenbüschel an den einstigen Blütenständen entwickelt haben und vom Winde vertrieben werden. Die unteren Blätter der Strandaster sind fleischig und deuten auf den salztoleranten sukkulenten Charakter dieser Pflanze hin.

Strand-Grasnelke

Die Strand-Grasnelke *(Armeria maritima)* gehört zu den Charakterpflanzen der Meeresküsten, obwohl sie auch im Binnenlande vorkommt. Aber nirgendwo ist sie so häufig wie an der Küste, weil sie den Salzgehalt im Boden gut verträgt. Aus einer grundständigen Rosette steigen die dünnen Stängel mit den rosafarbenen Blütenköpfen auf, die ständig im Winde nicken. Wo der Wind allerdings übermächtig wird, wie auf Felseninseln (z. B. Helgoland), verkürzen sich die Stängel bis auf wenige Zentimeter. Blühende Strand-Grasnelken findet man von Mai bis in den Oktober hinein.

Literaturverzeichnis

Abrahamse, J. (Herausgb.): Wattenmeer. Wacholtz Verlag, Neumünster 1976

Bantelmann, A.: Die Landschafsentwicklung an der schleswig-holsteinischen Westküste. Wacholtz Verlag, Neumünster 1967

Heers, K.-E.: Seehunde. Verlag Boyens & Co. Heide 1999

Landesamt Nationalpark Schleswig-Holsteinisches Wattenmeer: Umweltatlas Bd. 1. Verlag Ulmer, Stuttgart 1998

Lindner, G.: Muscheln und Schnecken sammeln und bestimmen. BLV, München 2008

Lohmann, M.: Pflanzen und Tiere der Küste. BLV, München 1993

Nationalparkverwaltung Niedersächsisches Wattenmeer: Umweltatlas Bd. 2. Verlag Ulmer, Stuttgart 1999

Pollmann, B.: Küstenparadies Ostsee. Bruckmann/Das Beste Verlag, München 2004

Pott, E., & Küpker, W.: Der große BLV Naturführer Nordsee und Ostsee. BLV, München 2004

Pott, R.: Farbatlas Nordseeküste und Nordseeinseln, Verlag Ulmer, Stuttgart 1995

Pott, R.: Die Nordsee. Verlag C.H. Beck, München 2003

Quedens, G.: Strand und Wattenmeer. BLV, München 2008

Quedens, G.: Vögel der Nordsee. Breklumer Verlag M. Siegel, 1986

Quedens, G.: Nordsee und Wattenmeer. Breklumer Verlag M. Siegel, 2000

Quedens, G.: Weltnaturerbe Wattenmeer. Ellert & Richter Verlag, Hamburg 2009

Quedens, G.: Die Halligen. Breklumer Verlag M. Siegel, 2001

Quedens, G.: Das Wattenmeer. Ellert & Richter Verlag, Hamburg 2002

Thiede, W.: Wasservögel und Strandvögel. BLV, München 2001

Vilcinskas, A.: Fische. Mitteleuropäische Süßwasserarten und Meeresfische der Nord- und Ostsee. BLV, München 2004

Stichwortverzeichnis

Aktine 89, 101
Algen 102–105
Alpenstrandläufer 31, 54
Amerikanische Schwertmuschel 78
Amerikanische Bohrmuschel 77
Amrum 7, 11, 14, 19
Andelgras 119
Aster 124
Austernfischer 22f., 43, 45, 49, 57

Basstölpel 19
Bäumchenröhrenwurm 92ff.
Beifuß 123
Bernstein 5, 9
Besenheide 107
Binsen-Quecke 106, 111
Blasentang 102
Blässgans 31, 49
Blättermoostierchen 98
Blattwurm 69, 91

Blaualgen 87
Blaue Nesselqualle 96, 97
Bodden 10
Bohrmuschel 77
Bohrschwamm 101
Bondestave 111
Borkum 10
Borstenhaar-Alge 105
Borstenwurm 84
Brachvogel 31, 53
Brandgans 45f., 55, 57
Brandseeschwalbe 40
Buhnen 14, 89

Dänisches Löffelkraut 111, 121
Darmalge 103
Deichbau 8
Dickhörnige Seerose 101
Dode Manneshand 98, 100
Dornhai 58
Dorsch 58, 61
Dreikantwurm 69
Dreizack 121

Dreizehenmöwe 19, 37
Dünen 107, 115

Ebbe 15
Echtes Seegras 110
Eiderente 22, 24, 43, 45, 47
Eier 42
Einsiedlerkrebs 84
Eisente 48
Eiszeiten 7
Englisches Schlickgras 110
Enten 46–48
Entenmuschel 89f.
Europäische Auster 73

Felswatt 13
Feuerquallen 96
Fingertang 6
Fischland 10
Flunder 59
Flussseeschwalbe 37
Flut 15
Flutsaum 6, 9, 13

Flutsaumfunde 18
Föhr 7, 11
Friedrichskoog 21

Gänse 46, 48f.
Garnele 13, 85f.
Gelbe Nesselqualle 96, 97
Gestutzte Sandklaffmuschel 77
Gewöhnlicher Tintenfisch 81
Gewöhnlicher Seestern 63
Glockenheide 110
Goldregenpfeifer 31
Grasnelke 116, 124
Graswarder 19
Große Bohrmuschel 67, 77
Großer Brachvogel 53
Grundel 13, 60

Hallig 5, 10, 11, 16, 21
Helgoland 7, 19, 21
Heller 10
Hering 60

Stichwortverzeichnis

Heringsmöwe 34, 56
Herzigel 66
Herzmuschel 67, 75, 89
Heulerstation 29
Hornhecht 58

Jasmund 19
Juist 10
Jungvögel 44

Kachelottplate 10
Käferschnecke 80
Kali-Salzkraut 106
Kaninchen 24
Kartoffelrose 107, 115
Katzenhai 58
Kegelrobbe 5, 21, 27f.
Kieselalgen 87, 104
Klaffmuschel 76
Klappmütze 28
Klische 59
Klumpenschwamm 98
Knotentang 103
Knutt 31, 53
Köcherwurm 92
Kompassqualle 95
Korallenmoos 98, 99
Kormoran 4
Kotpillenwurm 92
Krabben 82–85
Krabbenkutter 61
Krähenbeere 107, 117
Krake 72
Kranich 16, 31
Krebse 82–90
Küstenschutz 116, 117
Küstenseeschwalbe 38, 44

Lachmöwe 35, 36, 42, 44
Langeoog 19
Löffelkraut 121
Lungenenzian 110

Makrele 58
Mantelmöwe 37
Marsch 7, 110
Mauser 55
Meerkohl 106
Meerringelwurm 91
Meersalat 6, 103
Meersenf 106, 113
Memmert 10
Miesmuschel 67, 72, 74
Mön 7
Moosbeere 110
Moostiere 98
Möwen 22, 31–37, 55
Möwenkolonie 19
Muschelfischerei 73, 74
Muscheln 67, 70–78

Nabelschnecke 81
Nagelrochen 6
Nationalpark 5, 17, 19
Naturschutz 5, 16f.

Nesselqualle 6, 96f.
Netzreusenschnecke 81
Neuwerk 12, 21
Nipptide 15
Nonnengans 31, 49
Noor 10
Norddeich 21
Nordseegarnelen 61
Nordstrand 11

Ohrenqualle 94
Opalwurm 91, 93

Pantoffelschnecke 80
Pazifische Auster 75
Pelikanfuß 81
Pellworm 11
Pfahlwurm 67
Pfeffermuschel 76
Pfeifente 48
Pferdeaktinie 101
Pfuhlschnepfe 31
Platterbse 112
Plattmuschel 76
Portugiesische Galeere 96
Pottwal 30
Priel 11, 12, 13
Purpurtang 105

Quallen 94–97
Queller 110, 116ff.

Rauschbeere 110
Regenpfeifer 51
Ringelgans 48
Ringelrobbe 28
Rippenqualle 98
Robben 26–30
Rochen-Eikapsel 69
Rose 115
Rotschenkel 51, 57
Rügen 7
Runzelrose 115

Säbelschnäbler 50
Sägetang 102
Salz-Schuppenmiere 111
Salzkäfer 25
Salzmelde 111, 120
Salzmiere 106, 113
Salzpflanzen 111
Salzwiese 10, 13f., 110
Sandaal 62
Sanddorn 107, 114, 117
Sanderling 54
Sandgrundel 60
Sandhüpfer 88
Sandklaffmuschel 67, 76
Sandregenpfeiffer 43, 51
Sandsegge 107
Sandstrand 106
Sattelrobbe 27
Schaumalge 104
Schellente 48
Schlangenstern 65

Schlickgras 116, 118
Schlickkrebs 86f.
Schnecken 67, 71, 72, 78–81, 84
Scholle 58
Schwarzkopfmöwe 37
Schweinswal 28, 30
Schwertmuschel 67, 78
Schwimmkrabbe 83
Seehund 5, 16, 21, 26, 29
Seeigel 65f.
Seemaus 66
Seemoos 99
Seenelke 89, 100
Seepocken 88, 89
Seerinde 99
Seeringelwurm 25, 91, 93
Seerose 101
Seeschwalben 37–41
Seeskorpion 13, 62
Seespinne 85
Seestachelbeere 101
Seestern 6, 13, 63, 64
Seewespe 96
Seezunge 59
Silbergras 107, 117
Silbermöwe 31, 34, 42, 44, 56
Sonnenstern 64
Sonnentau 110
Speiballen 24
Spießente 48
Springtide 15
Sprotte 60
Stachelhäuter 6
Steinbutt 59
Strand-Beifuß 111, 123
Strand-Dreizack 121
Strand-Grasnelke 124
Strand-Milchkraut 111, 120
Strand-Platterbse 106, 112
Strand-Tausendgüldenkraut 122
Strandaster 124
Stranddistel 107, 113, 114
Strandflieder 111, 116, 123
Strandfloh 88
Strandhafer 16, 106, 107, 112, 117
Strandigel 6, 13, 65, 68
Strandkrabbe 13, 82
Strandläufer 54
Strandmelde 110
Strand-Platterbse 106
Strandroggen 106
Strandschnecke 23, 78
Strandsode 110, 119
Strandwegerich 122
Strandweizen 116, 111
Stumpfe Strandschnecke 78
Sturmmöwe 35f.
Sumpfbärlapp 110
Sylt 7, 11, 14, 21, 110

Tange 102–105

Tangrose 101
Taschenkrebs 83
Tausendgüldenkraut 122
Tellmuschel 76
Tidenkalender 12
Tintenfisch 6, 68, 72
Tobiasfisch 62
Trauerente 48
Trottellumme 19
Tümmler 30

Uferschnepfe 52

Vogelfedern 55, 56
Vogelnester 42

Wale 28
Walross 28
Wanderdünen 14
Warder 10
Warft 8
Warmzeiten 7
Wattboden 13, 87
Wattenmeer 11
Wattenwanderung 12, 19
Wattschnecke 79, 87
Wattwurm 25, 91, 92
Watvögel 49–54
Weißwangengans 49
Wellhornschnecke 6, 68, 79
Wildkaninchen 13, 111
Wittlingø 86
Witwenrose 101
Würmer 91–93
Wurzelmundqualle 95

Zottige Seerinde 98f.
Zuckertang 6, 102
Zwergseegras 110
Zwergseeschwalbe 39, 42

Über den Autor

Georg Quedens ist Sachbuchautor, Fotograf sowie Heimat- und Naturforscher. Er lebt seit seiner Geburt auf der Insel Amrum und hat zahlreiche Publikationen über die nordfriesischen Inseln verfasst. Seine Naturfotografien werden seit Jahrzehnten in vielen – auch überregionalen – Zeitschriften und Kalendern veröffentlicht. Weiterhin hält Georg Quedens Vorträge zu verschiedenen Themen, die den Nordseeraum betreffen.

Bibliographische Information
Der Deutschen Nationalbibliothek

Die Deutsche Nationalbibliothek verzeichnet diese Publikation in der Deutschen Nationalbibliografie; detaillierte bibliografische Daten sind im Internet über http://dnb.d-nb.de abrufbar.

BLV Buchverlag GmbH & Co. KG
80797 München

Das Werk einschließlich aller seiner Teile ist urheberrechtlich geschützt. Jede Verwertung außerhalb der engen Grenzen des Urheberrechtsgesetzes ist ohne Zustimmung des Verlags unzulässig und strafbar. Das gilt insbesondere für Vervielfältigungen, Übersetzungen, Mikroverfilmungen und die Einspeicherung und Verarbeitung in elektronischen Systemen.

© 2010 BLV Buchverlag GmbH & Co. KG, München

Umschlagfotos: Blickwinkel/A. Krieger, Einklinker: Arco Digital Image/R. Flank (vorne), Quedens (hinten)

Layoutkonzept Innenteil:
Buch & Konzept Annegret Wehland, München

Lektorat: Dr. Friedrich Kögel
Herstellung: Hermann Maxant

Satz: Uhl & Massopust, Aalen

Gedruckt auf chlorfrei gebleichtem Papier

Printed in Germany ·

ISBN 978-3-8354-0646-9

Bildnachweis:

Alle Fotos von G. Quedens außer:
König: 60o
Vilcinskas: 58, 59, 60u, 62o

Schatzsuche am Strand

Gert Lindner
Muscheln und Schnecken sammeln und bestimmen
Einziger Führer für europäische Strände – ideal für Urlauber und Familien mit Kindern: die häufigsten und schönsten Gehäuse von Muscheln und Schnecken mit Anleitungen zum Sammeln und Basteltipps für Fundstücke.
ISBN 978-3-8354-0374-1

Bücher fürs Leben.